# 破局

## 全面提升你的竞争力

月夜生凉 著

四川文艺出版社

**图书在版编目（CIP）数据**

破局：全面提升你的竞争力 / 月夜生凉著 . -- 成都 : 四川文艺出版社 , 2022.3

ISBN 978-7-5411-6168-1

Ⅰ . ①破… Ⅱ . ①月… Ⅲ . ①成功心理—通俗读物 Ⅳ . ① B848.4-49

中国版本图书馆 CIP 数据核字 (2021) 第 211191 号

POJU：QUANMIAN TISHENG NI DE JINGZHENG LI

# 破局：全面提升你的竞争力

**月夜生凉 著**

出 品 人　张庆宁
出版统筹　众和晨晖
选题策划　每　文
特约编辑　陈佳晖
责任编辑　彭　炜
封面设计　仙境 WONDERLAND Book design
责任校对　汪　平
版式设计　孙　波

出版发行　四川文艺出版社（成都市槐树街 2 号）
网　　址　www.scwys.com
电　　话　028-86259287（发行部）　028-86259303（编辑部）
传　　真　028-86259306

邮购地址　成都市槐树街 2 号四川文艺出版社邮购部 610031
印　　刷　大厂回族自治县德诚印务有限公司
成品尺寸　145mm×210mm　　开　本　32 开
印　　张　7.5　　　　　　　　字　数　180 千
版　　次　2022 年 3 月第一版　印　次　2022 年 3 月第一次印刷
书　　号　ISBN 978-7-5411-6168-1
定　　价　49.80 元

认识月夜生凉，是通过《意林》杂志原创版的一篇文章。这一次，收到月夜生凉所著的《破局：全面提升你的竞争力》一书的电子版，先睹为快，我很开心。

读了几章以后，我发现这是一本值得阅读的优秀之作，内容翔实，颇有可读性，特别适合初入职场的年轻人阅读。书中为职场新手们提供了一条个人跃升的路径。

全书分为八大部分，前三章讲述的主要是职场的新手面临的一些基础性工作，比如如何与领导和同事相处等；中间的两章讲述的主要是各项相关能力的提升，如写作、沟通、思维、逆商，如何改善自己的思维方式，如何向上管理老板；最后的三章讲述的主要是一些优秀的思维方式，如责任、财商等，让你能够快速地掌握一些颇为有用的逻辑思维方法。

从作者的叙述方式来看，常常善于用"故事"来印证观点，如以"我"的两个迥然不同的同事故事说起；二是善于以浅白例子说明高深概念，如以如何选择购买电子产品来说明逆袭思维；三是善于用亲身体验，给人以亲切、可信之感。

　　我相信，月夜生凉的读者在阅读本书的过程中可以得到很多启发，也收获很多的经验方法。

——畅销书作家、摄影师　陈默

# 自序

我在简书平台上写作已经有四年多的时间，经常有读者问我：如何才能快速成长起来，成为一名职场高手？

我曾经又把这个问题抛给很多同事、朋友、家人，他们表现得都很积极，纷纷给了我很多答案，以下是几个高频的回复：

因为缺乏精准的努力；因为使用的方法不对；因为他们只是满足于当前的状况。这些答案都指向了一点：那就是他们其实没有好的思维方式和努力的方法。没有动力，因而不够努力；没有方向，因而努力无效；因为方法不对，因而只是幻想自己很努力。那如何解决这些问题，让成长加快呢？

要达到这个目的，你需要了解，什么样的人能在企业里获得最大的发展。一般这样的优秀人才，有三个方面的特质：

第一，有极其强大的专业能力。能够帮助公司解决业务痛点，为企业创造价值。

第二，有着异常高的情商。能与各种人打好交道，获得上级和同事的认可。

第三，迁移能力强。在各个岗位都能用到的技能十分强大。譬如沟通、写作以及管理的能力。

如果一个员工能在以上三方面的水平都达到较高的层级，那他一定是一个厉害的员工。如何在这三面都能得到精进呢？

我建议你可以采取以下几个步骤。首先，要让你的学习有快速突破，那你就要专注于一个模块。其次，学习优秀人才的思维方式和行事原则，然后逐个与自己对照。最后，你需要制订学习计划，做大量的练习。

我曾经出版过一本名为《格局》的关于思维方式的书。出这本书的初衷，是受了一直和《意林》杂志合作以来就与我有着密切联系的编辑的邀请，也是想把我自己个人的学习经验分享给大家。

果然，这本书出版后，深受众多读者们的青睐，在评论网站上也受到了读者朋友的关注和指正。但《格局》只能满足一部分读者对于学习思维方式方法的需求，于是，我一直打算继续出版一本关于逆袭逻辑方面的高阶书籍。

在这本新书中，既有我对学习方法方式更前沿的思考，也有我对以往不足经验的整理和总结。

我不是什么光鲜亮丽的都市企业家，只是一个不断学习进步的创业者，我希望将自己的理解与学习心得分享给大家，这样每个读者都更容易理解，并能融入你自己的学习和生活当中去。

期待本书中的逻辑思维、学习工具和学习方法能够对你的个人成长有所帮助，愿每一位有缘读到这本书的好朋友的人生能有更大的可能性！

感谢所有一直支持我的读者，还有我的家人朋友、文学经纪人，以及所有参与本书出版、编校、印刷的编辑老师。没有你们的支持，就不会有我的第二本书的问世。由于篇幅的原因，你们的名字在这里就不一一列举了。

感恩在我生命中遇到的每一个人，希望这本书能够成为我们之间熟悉的桥梁。再次感谢你们，也欢迎你们与我交流！

——王悦（月夜生凉）

# 目　录

第一章

自我GPS逻辑：

颠覆思维，找准你的自身定位

## 一切行为源于思维，
## 先要给自己一个准确的定位

　　这是一个信息爆炸的时代，我们都生活在自己的信息茧房里，每天被互联网投喂着自己想要的吃食。

　　我们似乎已经习以为常，我们越来越惰于思考，小到穿衣吃饭，大到人生选择，我们甚至会把互联网上的内容奉为圭臬。我们看着抖音里那些年纪轻轻，但身价已是百万的富豪们大方地展示着或极尽奢侈，或轻松惬意的日常生活，我们也总忍不住会想，是不是成功其实很简单，我们只是没有找到风口。但是，我们不知道的是，他们的成功可能是几代人努力的结果。

　　刷到今日头条中推送"世界这么大，我想去看看"的裸辞新闻，我们心里也禁不住跃跃欲试，想要来一场说走就走的旅行。但是新闻里却没说明白，辞职的那个人在经济上的无忧。我们看着朋友圈里，有些人靠投资基金赚得盆满钵满，于是，我们不假思索地一个猛子扎进去，赔得倾家荡产，输得泪流满面。因为我们不知道投资的那部分金钱对他们来说原来只是闲钱。

互联网上，一夜成名、一夜暴富看上去是那样简单，有很多个瞬间，让我们觉得成功简直触手可及，于是我们开始执着于对风口的追求，可是最后却终究只是一场空。年深月久，我们好像越陷越深，我们也忘记了思考，我们到底是谁？我们到底拥有什么？我们拥有的东西到底能带给我们什么？而能够真正给出这三个问题答案的只有我们自己的思维。

每个人几乎都知道我们的行动是受控于我们的思维的，但是人都是有惰性的，我们从学生时代就习惯了被强制、被安排、被控制，我们的思维逐渐被固化。我们喜欢把我们的失败归于时运不济，我们乐此不疲地抱怨着我们这么努力，却只是为了成为一个普通人。我们甚至也一度很勤奋，可是结果就是不尽如人意，一直也想不明白问题出在哪里。其实很简单，是思维层面出了问题，不能改变我们思维模式，我们再多的勤奋，再多的努力，最后都可能是收效甚微。所以成功的人总是定义成功的规则和标准，而普通的人总是被困在规则和标准的怪圈里，并累倒在里面。

在如今这个网红泛滥成灾，多数人放下独立思维，集体狂欢，集体模仿的时代，我们最应该做的就是静下心来，修炼自己的思维模式，从根本上改变自己。一定不要不经思维的审判，就盲目行动，盲目模仿，否则结果变得南辕北辙就会成为大概率事件。

形成独立思维模式的第一步就是根据你的目的，先要回答自己，我到底是谁？其实，这个问题很简单，如果你想成为一名好员工，你的答案也许是某某企业某某岗位的员工。如果你想成为一名优秀的父亲，或者母亲，那你一定会毫不犹豫地回答自己说，我是某某的爸爸或者妈妈。根据你目的的不同，答案也各异。但是这个答案很重要，因为它将成为你后续思考的起点。

在从自己的思维层面获得第一个问题的答案之后，紧接着根据前面的回答还要思考，我到底拥有什么？还是前面那个例子，如果我是某某企业员工，我现在可能拥有的是丰富的工作经验？或是比较拿得出手的文凭？还是年龄上的优势？比较年轻，有充足的时间和精力等不一而足。

紧接着，就继续思考，我现在拥有的这些足够让我成为一个优秀的员工吗？如果可以的话，我究竟该怎样利用我目前拥有的这些资源或者优势，将它们效益最大化？如果目前我拥有的东西不足以满足我的目的，我在通往优秀，向上攀爬的过程中究竟是什么阻挡了我？那个核心缺少的东西到底是什么？想清楚之后，你把这些问题和答案审视一遍，或许你就能看到真正的自己。

用你的思维去回答完这些问题之后，你就会清楚地知道自己想要前进的方向，准确地找到自己的定位。这些经过思维得到的答案，就好像是给身在迷宫中的你一个 GPS，可以帮助你选择一个最佳路径。其实，我们每个人从出生的那一刻起，都身处迷宫之中，我们离迷宫出口的远近不同，我们得到 GPS 的时间也不同，聪明的人先给自己定位，通过自己的思维这个 GPS，通过对自己的定位，先于别人走出了迷宫，找到了毕生之追求。勇敢却缺少思考的人，选择四处尝试，虽然花费很大力气，但是却在一开始就选错了方向，当然，也有误打误撞走了出来的，但是毕竟幸运者是少数。懒惰又悲观的人站在迷宫里，直接选择放弃，因为他根本就不思考，懒得思考，只会埋怨上天不公。

大多数时候，我们迷茫，我们不知所措，就是因为我们对自己本身没有一个清晰的定位，有的时候甚至不是我们不愿意去思考，而是我们根本就没有意识到我们可以去思考，可以在自己的思维上下功夫，所以盲目跟风自然就成了最佳最省事的选择，但是跟风的结果往往是事与愿违。

每个人的人生只有一次，时光飞逝，对待任何人都不曾宽容，在这个节奏已经快到飞起的社会，容错率是很低的。

因而，我们改变自己，走出迷茫，走出互联网信息环境的第一步就是构建全新的思维模式。

利用自己的思维，清楚地认识自己本身，给自己一个准确的定位，我们才能拼尽全力放心地奔跑，因为只有那样，我们才可以肯定，从出发之初，我们的道路就是笔直的。

# 你追求的是方法，
# 高手思考的是逻辑思维

逆袭逻辑又叫底层逻辑，底层逻辑思维指我们在思考问题时的第一个核心切入点，当你围绕着底层逻辑思考时，你才能找出你真实的动机。

我为大家举一个简单的例子，以便能让大家更好地理解这种思维逻辑。譬如，你打算买一部手机，你的理由可能如下：

（1）想要追赶流行趋势；

（2）现在的手机无法使用；

（3）需要一部备用手机；

（4）送给男/女朋友。

这些都是你购买手机的理由，那么其中到底哪一个才是你的底层逻辑思维呢？

如果有人送一部手机给你，你当即就决定不买手机了，那么，以上四条都有可能成为你的理由。

那么，假若你的手机坏了，那你的购买理由肯定是第（2）条，这就是你的底层逻辑思维。

遵照你的底层逻辑思维去做事，你才会更加专业。

假如，你是一名基层的人力资源（HR）员工，做好工作的底层逻辑思维应该有哪些呢？

我认为，最少应该具备以下三种：

### 一、战略支撑思维

这是成为一名"战略性人力资源管理师"的必然要求。在实际工作中，HR 要主动去了解公司未来的发展战略，知晓公司当前的行业地位，结合公司的团队现状、业务发展情况、人才存量等信息，提出一揽子"选育用留"的人力资源规划。

HR 做任何工作，都要时刻围绕"战略支撑"这一个支点，那你的工作才会显示出专业价值。

### 二、业务发展思维

每一个公司战略的实现，都离不开业务的发展。"战略支撑"的一个核心支点就是"业务发展"。因此，HR 还要有业务发展思维。现在许多公司都开始搭建"三支柱体系"①，其本质还是为了能

---

① 人力资源三支柱体系即 COE（专家中心）、HRBP（人力资源业务伙伴）和 SSC（共享服务中心）。以三支柱为支撑的人力资源体系服务于公司业务，核心理念是通过组织能力再造，更好地为组织创造价值。

够支持公司业务的发展。但即使公司没有"三支柱体系"，你也应该具备业务发展思维。只有这样想，你的工作才能得到业务部门的支持，你的专业性才会得到业务部门的认可。

### 三、解决问题思维

一个 HR 所有的工作，其本质都归为一种，那就是解决企业人力资源管理的相关问题。

这跟我们之前提到的专业性是有关联的，我同学朋友公司的 HR，不能帮助公司解决劳动争议，表面上看，是其专业知识（劳动法知识）匮乏，深层次原因是她并不具备解决问题的思维。为什么这么说？因为她不清楚她所在的岗位需要帮助公司解决什么具体问题。如果她知道，她肯定会去接触相关的劳动法知识，从而让自己具备这项能力。

这三种思维，其实是环环相扣的。作为一个 HR，如果你要帮助企业实现战略目标，那你就要解决业务部门发展过程中的人力资源管理问题。而要提高你解决问题的能力，最根本的还是要提升你的专业性。

如果你要成为一个逻辑高手，你就必须具备以上所说的思维方式。假设你拥有了上述的思维逻辑，将更好地有助于你解决实际工作中的难题。

　　　　　　　　　　破局：全面提升你的竞争力

# 底层逻辑上可能出现的各种谬误

2020 年年底的时候，我任职的公司招了 A 和 B 两位女实习生，公司决定给她们二人两个月的实习期，通过两个月的实习之后，选择给其中一位较优秀的实习生转正名额。为了能够得到那唯一的转正名额，看得出两个人都很努力。但 A 和 B 努力的策略却十分不同。

A 为人比较沉默，看上去有点不太好接近的样子，每天只专注于领导派发的工作任务，跟同事之间的交流较少。B 就不同了，她自从进入公司之后，就热情开朗地与每一位同事交朋友，买早点，帮同事拿下午茶，取快递，甚至在自己工作已经饱和的情况下，如果有同事寻求她的帮助，她也会应声帮助，加班加点地帮助同事。

过了一段时间之后，B 的热情和爱心助人得到了同事们的一致好评，提起 B 大家都赞不绝口。A 显然就没有 B 这么受欢迎了，有的同事也找过 A 帮忙，但是 A 说自己本身的工作还有很多没有完成，所以帮不了他们，以此拒绝了他们。大家都觉得 A 太不近人情了。

逐渐地，在大家心里，都默认了 B 应该是那个最终能够拿到转正名额的人。就连 B 自己也觉得自己应该已经赢了，因为 A 实在是太不会做人了。看到单位同事的态度，A 自己心里也怀疑自己应该是输了，但是她觉得不管输赢，一定要善始善终，把自己的手头的工作做到尽善尽美，不留遗憾。

终于，两个月的实习期结束了。让所有人都大跌眼镜的是，领导最终决定把转正名额给 A。这让 B 大为不解，也十分委屈，她决定找领导问个明白，她甚至怀疑 A 在公司有关系。B 去领导办公室想要问个明白的时候，我正好在领导办公室里汇报工作。看到愤懑不平的 B，领导似乎早就料到了一样，他十分安静地听完 B 的控诉和提出的疑问，然后平静地拿出 A 和 B 的 KPI 对比列表，但是 B 挣扎说，公司 KPI 考察得不全面。只听老板心平气和地同 B 讲，也许公司的 KPI 设计得确实有不合理之处，但是我开的是公司，是营利机构，我不否认你在人际交往方面很有天赋，但是你的这种人际交往并没有给公司带来实际效益。在说话期间，领导还拿出了 A 独立设计和完成的营销方案和季度总结给 B 看，B 看完之后，终于心服口服，这才转身离开。

其实，在我们的现实生活中，我们在很多时候都是 B，明明也是奔着最终目的去的，也是费了不少心力，但是结果就是不遂人意。为什么？很简单，底层逻辑出现了谬误。因为就像领导口中说的，公司就是营利机构，他最在乎的不是你这个员工受不受内部其他员工的欢迎，而是你到底给公司赢得了什么利益。显然，在 B 的逻辑中，自己是新人，一定要讨其他老同事的喜欢，自己才能有更大的胜算，但是在这个过程中，她的重心过于倾向在了周围的人际关系，而忽略最重要的自己作为员工的本职工作。她在执行目标的过程中，选择的方向错了，所以最后的结局自然是不能得偿所愿。

这个例子，其实只是我们底层逻辑上经常出现谬误的一种。在日常生活中，还有许多许多。比如我们总会觉得和自己合作的同事又傻又憨，我们也总是自认为自己的能力更高一筹，但是我们从来没有认真考虑过，自己在对方眼中是不是也是个蠢货呢？我们的反向思考的逻辑似乎总是出现故障，从来不肯轻易启动。还有在逆境里待太久了，我们的逻辑就会固化，形成刻板效应，总是觉得自己做什么事都会倒霉，所以我们总是抱怨连天，感觉事事不顺心，天天不如意，直至最后，我们的逻辑，会把我们的所有失败都归因于运气这个东西。于是，就停下前进的步伐，畏首畏尾，逻辑谬误一旦形成，改正需要很大的心力。我们都不愿意轻易承认自己的错误，我们有的时候也十分固执，最可怕的就是我们逻辑谬误固化以后，我们甚至觉得自己错得理所当然。所以在形成底层逻辑之前，我们首先就要避免和改正自己现有的逻辑谬误。

前面已经给出过正确底层逻辑的释义了，其实，这种逻辑思维并不是一朝一夕能够培养和理顺的。它需要我们慢慢思考和锻炼。也许，在日常生活中刻意练习底层逻辑比较困难，但是我们还是要坚持，因为这种逻辑一旦形成，你就会发现，自己做事情的效率和成功率会得到大大的提升。工作生活也会越来越惬意，最让你感到舒服的是你会感到生活越来越在你的掌控之中，你向往的美好生活在一点一点向你靠近。

# 你是你自己最大的后台

　　有一次和一个很要好的朋友通电话的时候，感觉朋友情绪很不好，便随口问道："不是年前刚跳槽到一个新的公司吗？我记得你都期待很久了，这回薪资也涨了不少，按道理来说，应该是春风得意马蹄疾啊，怎么感觉你这么不开心呢？"问完之后，便听到朋友一声长叹。他就打开了话匣子。

　　通过他的述说，我才明白了他不开心的原因。他通过跟公司的人聊天，了解到跟他同一批入职公司的员工都是有后台关系的，就他自己没有，他感觉那些人都有很大的晋升空间。目前公司有一个技术领导岗位的空缺，根据内部消息，这个岗位已经被内定为那个工作业绩还没有他表现好的同事了，他说，他也想找后台，但是一直苦于没有门道。他本来是很有斗志的，但是他觉得自己再怎么努力都没用，现在的他感觉越来越疲惫。他自从跳槽之后，整天脑子里就是"后台关系"这几个字。自己想走，但是又觉得不该频繁跳槽，而且跳槽风险很大，这份工作也是他经过很久的努力得来的，他也不肯轻易放弃。

听完他的倾诉，我问他，那你觉得你的工作技能有提升吗？自己有在这份新的工作中得到锻炼吗？只听他又是一声长叹，他说，整天就研究别人的后台关系了，哪还有心情继续努力啊。而且越想越不公平，越想越生气，索性就混日子了。反正工资也是照拿。

我听完之后，也沉默了一段时间，想起以前阳光开朗的他，也不禁为他惋惜。我想了一下，对他说，你不如索性放下对后台关系的执念，把重心放到工作上试试，只是单纯提升自己的能力，从这份工作中积累点经验。你先这样做一段时间看看你的心境会不会发生变化。他听完之后说目前也只能这样了，他会尽力去尝试的。

后来，再联系他就发现他越来越忙碌，生活好像也越来越充实。一年多之后，他兴高采烈地给我打电话说，经过一年的努力，自己的能力提升了很多，已经成为公司那个部门的核心骨干了，那些有后台关系的人没能干过他，因为他的专业能力太强了。他在公司的表现是有目共睹的，所以他在公司内部也已经得到提拔了。而且，还有一个行业内很牛的公司主动向他发出了邀约，对他来说，是他原先想都不敢想的大平台。现在他已经入职了那个新的公司了。他还被他们原来的公司的领导用涨薪来挽留，但是他觉得他应该继续往上走。

我听着他爽朗的笑声，不禁问他，那你现在怎么看待后台关系呢？他沉默了一会儿，说："可能每个地方多多少少都会有人有后台、有关系，在这个充满人情世故的社会，这是不可避免的。我们不能回避也不能逃避，更不能因为别人拥有的后台关系而堕落。其实，在所有的后台关系里，自己才是世界上最硬的后台。我想我原先之所以焦虑，郁郁不得志，是因为我站的高度还不够高，如果我足够强大，事实上，一切都浮云。"

听完朋友的解释，我感触良多，是啊，这个世界上，有什么后台关系是比靠自己更可靠的呢？只有自己才不会背叛自己，只有自己才会永远忠于自己。一个人最后能走多远，爬多高，最后还是取决于你自己本身有多强大。就算在起步的时候后台关系很重要，但是人生越往后面走，就越会发现后台关系能够发挥的效益越小。因为没有那个金刚钻，就揽不了那个瓷器活。

所以，当我们面对和我的朋友一样境地的时候，我们不能坐以待毙和自暴自弃，因为我们不应该局限我们的思维，适时地转移自己的注意力，只把目前这个阶段当作暂时的，就当是自己的一场闭关修炼，在这修炼的过程中，潜心提升自己的专业能力，而且不要轻易停止。这样自己的注意力才会用对地方，不会造成自己更大的内耗。等到努力成为一种习惯，就会发现，自己有没有后台关系其实并不是很重要，重要的是我们自己的能力到底有多强。

我们应该都知道这个社会不是一个绝对公平的社会，毕竟有人一出生就在罗马的中央，这是上天给我们的命运，我们没有办法抗拒，但是我们要相信自己，不能因为别人后台关系就索性自暴自弃，觉得自己所作的一切都是徒劳。当然，更不能迷信后台关系，因为依附关系从来都是不稳定的，那些因为自己有后台关系的人，虽然幸运，但是这种幸运也许无形中给了他们不努力的借口，而且，拥有这种幸运的人毕竟是少数，大多数人都是待在罗马的边缘，很多和我们一样的人，都是那么平凡又普通。没有后台关系的我们，就应该让我们自己成为自己最大、最硬的后台。

# 先做最好的自己

在我的职场生涯中，有这样一位女同事让我印象颇深。女同事外貌漂亮，性格外向，基本上跟公司所有人都能熟络地说上两句话。我和这位女同事一起入的职，刚开始的时候，包括我在内，大家都很欣赏她。但是时间一长，大家都发现，她不光特别喜欢拿自己同别人比较，还特别好为人师，公司里的什么事她都想说上一说。她本身是做采购的，但是她非常喜欢对技术部门的工作品头论足。对人力资源部门招聘的员工，她也多有不满，就连对刚来公司的实习生，她都要指手画脚。

一开始，大家都让着她，觉得她可能就是过于热情了，喜欢表现自己，希望能够得到领导的赏识，年轻人嘛，好胜心强，也是可以理解的。但是，时间久了，也没有见着这位女同事有任何改变的迹象。而且后来最让人没有办法忍受的是，她最喜欢在汇报工作的时候，把有些她看不顺眼的同事或者部门，在领导面前说得一无是处。领导一开始可能也是觉得她只是为了公司的发展，所以非常有耐心地听完了这位女同事的"小报告"。可是，时间一长，身边的同事们都像防贼一样防着她。老板的耐心也终于用尽了，因为老板似乎发现，从她那里得到的信息，根本就不是真实的信息，她的汇报过于个人情绪化。而且由于她的小报告，公司人心惶惶，工作气氛都变压抑了。最关键的是，这位女同事自己的本职工作做得也是十分糟糕。老板最后一次听她打小报告的时候直接训斥说："你也许不该当员工，你该当老板，这样你就能直接领导我工作了。你看看你自己的工作做好了吗？这几个月你的工作出现多少次失误了，每次你都会找各种各样的理由来解释你的失误。实际上，你最大的失误就是你一直都在管别人的闲事，操一些与你工作无关的闲心。你还是先做好自己吧。"

这位女同事被训斥之后，感觉十分委屈。她还是觉得她没做错什么，所以她后面一如既往地对单位的所有事情习惯性地插上一脚，单位的同事好像也已经忍到了极限。我升职调走的时候，她已经被同事们边缘化了。后来偶然遇见以前的老同事，问起她的消息，同事说她自己受不了，很久之前就自动离职了。

我口中的女同事想必大家都觉得是罪有应得，但是如果仔细反思一下，我们自己是不是本身也在无意中扮演了那位女同事的角色呢？比如喜欢同人比较，就算遇到与自己无关的事情，也总控制不住自己，总想说上那么两句。在很多被生活琐碎包围的时刻，我们的注意力被分散得太多太多，我们甚至知道很多事情与我们无关，可是我们就是喜欢无意识地表现自己，人最大的劣性就是喜欢出风头，我们总是控制不住自己。那么到底怎么样才能控制住自己的表现欲望，先做最好的自己呢？大家可以在日常生活尝试一下以下几个小方法。

### 一、适度与别人进行比较

攀比心理是一把双刃剑，用好了可以提升自己的竞争力，用不好了也能毁了自己。适当地拿自己与别人进行比较，可以使自己产生压迫感，进而产生进步的动力。但是如果过度拿自己与别人比较，而且是拿自己与能力远在自己之上的人相比，我们就会产生无尽的焦虑感和挫败感。那绝对不会使我们变得更好，那只会让我们越来越怀疑自己本身的能力。其实，在更多的时候，跟别人比到最后，我们会发现，我们越来越不快乐，只剩不甘心。人生不是一局定输赢，它是一个动态变化的过程。在这个过程中，我们一定要合理看待输赢，适当拿自己和别人进行比较，多多专注自身，跟别人进行比较之前，我们先做最好的自己。

### 二、多倾听，少表达

每个人都希望自己成为这个世界的中心，都希望自己的观点被所有人接受，希望成为别人赞叹的那道光芒。但是事实是没有任何一个人能够成为这个世界的中心。在很多时候，别人并不需要你的高谈阔论，他们更需要的是一个倾听的角色。在某些时候，倾听甚至是比表达更有力。当你耐着性子去认真倾听的时候，你会发现，其实别人的表达也很能开阔你的思想，倾听别人的表达，也是对自己一个输入的过程。在这个过程中，别人的想法也许能够给你更多的思考。所以把自己想要耍小聪明的欲望往下压一压，多倾听，少表达，多多专注自身。就像那句话说的，把圈子变小，把语言变干净，把成绩往上提，把故事往心里收一收，你现在想要的以后都会有。

### 三、坚持一项积极的爱好

人在什么时候最开心，最沉浸？当然是做自己最喜欢的事情。其实，从纷繁的世界脱离出来，最好的方法就是培养一个属于自己的爱好，当然，这里的爱好是有前提的，这个爱好一定是积极的。然后把这个爱好培养到极致。在这个过程中，你也许无意之间就培养了一项技能。更重要的是，在这个过程中，你的心真的可以沉静下来。把放在别人身上的那些注意力资源转移到自己身上来。这个爱好可以是看书，也可以是跑步，或者做饭，等等。很多人也许会说，自己根本没有爱好，那也没关系，总有一件事是可以让你感到舒服的，多去尝试。怎样有效坚持自己的爱好呢？可以交一些兴趣相同的朋友，可以自己直接给自己一些物质奖励等都是不错的方法。

先把自己做到最好，你就是你自己最大的底气。在一步步变得美好的过程中，你自己也会感觉到，其实你根本就不需要做过多的

　　　　　　　　破局：全面提升你的竞争力

表达，大家就已经很在意你的想法了。这是一个非常浮躁的时代，宁静致远已经变成了一种稀缺资源，你身上那种宁静的气场在无形中就是一道风景。

## 信心是第一步，吃苦是第二步

我在刚进社会工作的时候，因为没有任何工作经验，再加上自己的性格本身就有点内向，做什么事都有点畏首畏尾。自己虽然认为自己也算勤恳和吃苦耐劳，但是毕业之后，一度觉得自己看不到前面的希望，日子就像流水一样逝去，单调且重复，自己也迷茫到不知所措。

直到有一天，我的直属领导因为家里发生了重大变故，一时脱不开身，而他手里那个对公司来说很重要的项目也马上到了执行的关键时刻。这个项目实际参与的人并不多，能真正了解让这个项目落地的正确流程的人就更少了。所以短时间内，还真找不出合适的人来代替我直属领导的位置。

也许是我一直都跟着直属领导做这个项目，对项目还算熟悉；也许是因为我的领导想给我一个机会。最终，我的直属领导打电话问我愿不愿意做这个项目的负责人。我当时听到之后，第一反应不是高兴，而是害怕和逃避。我清楚地知道这个项目的复杂和实现的困难程度。其实，我之前不是没有想过自己应该学会独立负责项目，但是绝对不是现在，因为我觉得我以我的经验和能力，我还需要再准备准备，再等等。所以我听完领导的询问毫不犹豫地回答说："谢谢领导愿意给我机会，但是我觉得我现在肯定做不好。"

我的领导在听完之后，他停顿了很久，以至于我觉得是不是该挂断电话了，正当我准备跟领导再次道歉，然后挂掉电话的时候，突然听到领导语重心长地说："你来公司三年了，你的勤奋和努力我不是没有看在眼里，你愿意吃苦，愿意学习，我都知道。你知道为什么你毕业三年了，但还是原地踏步吗？是因为你对你自己都没有信心。每次给你派任务，你总喜欢说，你可能做不好。你知道别人听了什么感受吗？就是你真的做不好，就算我想用你，但是因为你对自己的否定，也让我不敢用你了。"

听着领导的话，自我否定的画面一幕又一幕地出现在我眼前，是的，很多次，大概从我的学生时代开始，我就对自己没有信心。每次我离机会其实并不遥远，真正让我错过机会的是我的畏首畏尾，是我一次又一次的自我否定，也是我一次又一次的犹豫和懦弱。

领导继续说道："我知道你怎么想的，还想再准备准备，但是等你准备好了，别人也都准备好了，我之所以耐着性子跟你讲这些，是因为我知道你的能力，也看得到你的刻苦，就算是这个项目你想逃避，下一个？下一个你就准备好了吗？没有任何人是可以准备的十全十美再出发的，你自己好好考虑考虑吧。这话我也只对你说一次。"领导说完就把电话挂了。

听完领导的话，我一夜未眠。终于，我下定决心，逼我自己一次。第二天，我早早地就到了公司，给领导回电话，告诉他这个项目我接了。当项目顺利完成之后，我突然发现，这个项目的成功落地确实很麻烦，但是比我想象的要简单。一个步骤一个步骤地去完成，竟然也是十分顺利。后来，凭借着这个项目我也顺利升职。我清楚地知道，比起升职更重要的是，我已经不是原先那个畏畏缩缩的我了。信心这种东西有了第一次之后，就好办多了，它每次都会不断积累，也不断迭代到我的每次重大抉择中。有时候，我甚至觉得自信是可以改变一个人的命运的。

我的这段经历也让我清楚地知道了，勤奋、吃苦很重要，但是勤奋和吃苦绝对不是首要的，而是在我们勤奋刻苦之前，我们就应该十分坚定地相信自己，我们的勤奋和吃苦都会有结果。在机会从天而降的那一刻，自信的人抓机会的概率比吃苦的人抓住机会的概率要大得多。因为自信的人笃定自己会是赢的那一个。在你坚定地相信自己的时候，别人也会被你的自信所折服，变得信任你，这种自信效应会不断强化。所以自信的人会越来越自信。

所以通往成功的路上，自信一定是第一步，然后第二步才是吃苦。如果没有自信的话，那么我们吃的那些苦，大概率会变成无用功。有的时候，这个社会对那些不自信的人很残忍，纵然你很优秀，但是如果你没有展示出你的自信的话。你就会被搁置，被抛弃。在社会心理学里有一个名词叫作"马太效应"，这个名词的大概意思是说，任何个体、群体或地区，在某一个方面（如金钱、名誉、地位等）获得成功和进步，就会产生一种积累优势，就会有更多的机会取得更大的成功和进步。简单来说，就是好的越好，坏的越坏。这个名词同样适用于我们的自信心。

到底怎么建立自信心最有成效呢？很简单，那就是先假装自己有信心。在给自己做心理建设的时候，不断地告诉自己要多去尝试，而且这个假装是长时间的假装，直到假装自信变成你的一种习惯，当你获得假装出来的自信的好处之后，你就会上瘾，慢慢地，真的自信也就出来了。当然，在假装自信的同时，也要吃苦，二者合一，哪里有不成功的道理。

其实，为什么没有自信，我们到底在害怕什么呢？失败？出丑？别人瞧不起？这些可能都是原因。但是，在你未取得成绩之前，别人就一定会瞧得起你吗？尽管没有失败，没有出丑，可是你在别人眼里根本就没有存在感啊！比失败更可怕的是，别人甚至不知道你到底做了什么。

还有一个提升自己自信心的办法就是把所有的尝试都变成实验。什么意思呢？例如在公司向大家展示自己想法的时候，如果你感觉自己十分紧张和害怕，十分没有信心，你惧怕台下听你演讲的那群人，甚至不敢与他们有眼神上的交流的时候，你就在心理暗示自己，这就是一场实验，台下的观众是你的实验品，在他们审视你的时候，你也可以大胆地审视他们。他们的反应就是你做实验的结果，所以你可以以观察员的身份来观察台下的听众，看看他们神态各异的反应。这个时候，你是没有任何心理负担的，没有人会知道你的心理活动，在他们眼中，你只是很自信而已。

# 从来没有捷径，必须循序渐进

有一次出差，我在饭局上偶然遇到深圳某个银行的支行行长，与他相谈甚欢。这位行长讲述自己的经历的时候，我觉得他真的是很了不起。他今天在深圳的一切都是他自己空手打拼出来的，没有依赖父母半分。他现在在深圳至少实现了这个世界对世俗成功的定义。

他最大的爱好就是去大山里支教，他说那种教书育人带来的成就感是什么也代替不了的。他也忧国忧民，他说尽管今天自己已经没有必要为了自己孩子的教育资源发愁了。可是他感觉现在农村孩子能够接受好的教育，考上好大学的概率越来越低了，这一点，让他很忧心。自己就是从农村来，没有人比他更了解农村人的艰辛。

他谈吐幽默，引经据典，懂得所有世故圆滑，但是做事给人的感觉却一点都不世故。其中，我最欣赏他的就是他看问题的透彻和对人的真诚。遇见他的那段时间，我正处于人生的迷茫阶段，年龄不高不低，薪资不上不下，总之处于一个十分尴尬的境地，而我又想要快速地摆脱那个状况，走捷径，快速地获得一些什么。于是便想从他那里得到一份答案，就开口问道："对于现在的我来说，有没有一条捷径可以走，能够比较快速地成为我所在这个领域的顶尖的那一拨人？"

他听完我的问题，无奈低头一笑，再抬起头时他含笑认真地看着我说："看到现在的你，就好像看到了年轻时候的自己，那个时候，有一段时间，我无比崇尚效率，所以我也特别迷信捷径。我认为凡事都是有捷径可寻的，可是到最后，你知道我发现了什么吗？一步一个脚印，循序渐进就是最好的捷径。对原本就不存在的捷径本身的渴望就是我最大的弯路。这个世界上真的不存在捷径，就算是当年我一度以为自己寻找到的捷径，在后面的时间里，我也都一一偿还了那些自己投机取巧欠下的债。该吃的苦，我是一点都没少吃啊。欲速则不达呀，人生哪里存在什么捷径和最优解呢？"

听见他的最后一句话，我的记忆突然回到了我大三那年。夏日的早上，干练严厉的运筹学女老师站在讲台上，给我们说着期末考试的重点内容。这门课让当时的我十分头痛，没有办法，为了不挂科只好耐着性子认真听着。女老师向来严厉，在课堂上，基本上不说题外话。但是那天她在说完运筹学的重点之后说了这么一段话，时间很久了，我记得不太清楚，这段话的大概意思是："运筹学这门课，它是每一步都在追求最优解，然后得到一个全局的最优解。我希望你们明白的是，人生不一样，人生很复杂，人生根本不存在

破局：全面提升你的竞争力

最优解。永远不要企图使用一个程序来模拟人生的最优解和选择，因为你们会发现如果使用'递归'算法，肯定将是一个死算法。在人生中，追求每一步最优的省时省力的贪心算法在面对复杂问题往往得不到全局最优。总之，道阻且长，你们要脚踏实地，不要试图在人生中寻捷径。"

很多年过去，当年老师的话和现在这位行长的话竟然不谋而合，恍惚之间，我好像身在大学课堂，老师的话就在耳边响起。一瞬间，愧疚涌上心头，看来我真的不是一个合格的好学生，那么多年之前，老师早就提醒过的真理，我到底还是忘记了。愧疚之后，我好像也放下迷茫了，我想我已经找到我要的答案了。看着思绪漂浮在外的我，行长不解地问我在想什么，我笑着举杯看向他说："我明白啦，道阻且长，循序渐进啊！"行长看我开悟的样子，也忍不住笑着点头。

其实，认真回想自己曾经走过的那些所谓的捷径，哪一个最后不是兜兜转转自己又还了回来呢？妄图快速减肥，又不想锻炼，于是走了节食，吃一些没用代餐的捷径，一开始瘦得还挺有效，可是后来身体也出了毛病，体重也反弹得厉害。当年第一次考研，想要省时省力，便痴信于网上学长学姐的经验帖，妄图照搬，最后输得一塌糊涂，白白一年的光阴浪费掉。当年学习英语的时候，只想走捷径，拿高分，于是只准备考试的重点内容，多余的自学内容一点都不看，英语口语一点都不练。导致现在的我需要和外国人友人合作时，每次都十分头疼，说的英语都是磕磕巴巴、支支吾吾，闹了不少笑话，也成为限制我发展的一大短板……

现在打开手机，满屏的"十天瘦 20 斤""一个月学会说英语""5天提高 30 分""零基础，三天成为 python 能手"等等，急于求成，利用人们想要走捷径的广告。有些广告夸大到滑稽可笑的地步了，可是偏偏还是会有人上当受骗。为什么？因为我们对捷径的执念实在是太深了，更可怕的是如果得到了暂时的捷径，就会对眼前的捷径上瘾，于是便想事事都寻找捷径走。

走捷径走惯了就像是喜欢搭顺风车，成为一种惯性一样的存在。怕只怕时间一长，大家只关注哪里能搭上顺风车，走捷径，而放弃了自己真正的目的地。而风景真正辽阔的地方绝对是没有顺风车可以搭和捷径可以走的。

想要真正到达自己渴望的目的地，还是要循序渐进啊！因为只有那样，我们每次回头的时候，才能看到每一个自己努力踏出的，掺杂着血汗和泪水，清晰而坚实的脚印，这样我们才能赢得稳稳当当。

# 发挥专长要看环境

我读高中的时候，有一个十分要好的女同学。这位女同学开朗上进，学习相当刻苦。她一度是我学习和生活的榜样。她的文科成绩相当好，理科成绩相比文科成绩就平平无奇了。在文理没有分科之前，坚定选文科的我一直认为我们两个人高中三年一定会一直在一起，因为看她的成绩就知道，她选文科有绝对的优势。

可是，真正到了文理分科的那一天，她却选择了理科，我在伤心之余，也十分不解。她向我解释说，她父母和她都觉得选理科以后的出路会很广，很实用，为了以后能有更多的选择，她决定选择理科。

在文理分科结束之后，我们依然保持着联系。可是我发现自从进入理科班之后，她就越来越不快乐，她说，她感觉自己越学越累，她在理科班学得很吃力。看到那么疲惫和不快乐的她，我就劝她，转去文科班吧，现在还来得及。但是她坚定地摇了摇头，她还是说，为了以后能有更多的选择，她应该在理科班坚持学下去。话说到这里，我也不好再劝下去。

后来升入高二之后，学习越来越紧张，我们就没有过多的联系了。只是听同学说她把吃饭的时间都挤出来用来学习。但是我路过教师办公室，看到墙上贴的年级成绩大榜时，她的成绩好像越来越靠后。

本来想去安慰她，但是又怕自己的安慰会让她觉得难堪，就只好作罢了。

进入高三之后，我也投入到了紧张的学习之中，没有再关注她的消息了。直到高考还有一百天不到的时间，我在走廊上遇到他们班一个去办公室抱作业的女同学，在我向她问我朋友的情况之后，我才知道，她竟然选择退学了。说是因为精神压力太大，学不下去了。

我听完这个消息之后，久久不能回过神来，她那么好的一个人，那么爱学习，那么努力又刻苦的人，怎么会直接退学呢？这马上就要高考了，太可惜了！于是后来我给她发了很多消息，但是她一直都没有回应。

直到高考之后，我在学校门口买东西时，遇到她的妈妈。她的妈妈一听我问她女儿的事，眼泪就止不住地往下流，跟我说她的情况不是很好，她精神现在很恍惚，今年的高考肯定是不能参加了。最后她妈妈抹着眼泪，伤心欲绝地感慨说，当初要是她不学理科就好了。

我难过极了，那一刻我才明白，真正毁掉她的是她的专长跟理科的环境不匹配。我想，要是我当初多劝劝她，她会不会有一个不一样的结局。我能看得出来，她如果选了文科，她绝对会如鱼得水，至少她会很快乐。她到理科班之后，一定是经历了很多黑暗，苦不堪言的时刻吧。只是可惜，我的心疼和后悔都太晚了。我最后一次听到关于她的消息是，她没有再继续学习，前几年的时候，家里给她找了一户人家，把她嫁出去了。

人有的时候真的很奇怪，好像真的不是很清楚，自己手上的牌到底是什么，到底有多好。我们总是艳羡地看着别人的领域，总是觉得别人能做好的事情，我们肯定也可以做得很好。

跟我前面那个同学相似的例子在职场上也屡见不鲜。明明性格内向，人力资源知识学得很扎实，不喜欢跟别人接触的同事，却选择去销售岗，说是考虑到人力资源天花板太低，挣钱也又慢又少，销售岗挣钱快，而且自己性格木讷，正好在销售岗上锻炼锻炼。但是两个月过去，他的业绩一直吊车尾。他自己的压力也变得越来越大，情绪开始不稳定。还好最后他辞掉了销售岗位的那份工作，不然他会经历更多难熬的日子吧。

所以，在面临人生选择，或者是要做一些重要决定的时候，千万不要用自以为是的喜欢或者锻炼来和别人的专业抢饭碗。用自己的短板去挑战别人的长板，怎么想都是必输无疑啊。当然，不是说挑战自己是错的，或者说尝试新的东西是错的，而是说，你挑战和尝试这个东西之前，你要考虑好，是不是不在乎输赢，是不是可以承担为之付出的沉默成本？自己到底有几分胜算？这个行业领域内真实的样子到底如何？自己在选择挑战和尝试的时候，自己身上有没有这方面的优势，等等？

自己的专长能不能发挥出来，环境真的很重要。就好像明明拿着钓鱼钩，不去钓鱼，却痴心妄想地想要狩猎森林里的野兽。明明身佩长剑，不去征服陆地上的猎物，却一心想要在天空中拿下雄鹰。真的是从一开始就注定了自己的专长和自己选择的环境不匹配啊。

因此，对自己的职业生涯进行规划和选择之初，就要明白自己的专长，然后根据自己的专长去选择合适工作的环境。不要自己和自己作对，做人不能太拧巴，多遵从自己内心真实的声音。性格内向，喜欢安静，不喜欢与人打交道，那就避开销售等这类性质的工作或者部门。性格活泼开朗，比较外向，不甘于寂寞的人就不要去选择一些需要沉下心来进行研究的工作。

选对环境，是把自己的专长发挥到极致的首要条件。我们不能什么都想得到。拿着和锁不相配的钥匙去开门，注定是辛苦和徒劳的。也许你会很羡慕别人的工作，但是你不知道的是他们都有可以在那个环境下待下去的独门绝技。所以我们最应该做的就是熟悉我们自己这把钥匙的结构，然后不断地精进自己，找到那扇我们能够可以相对轻松打开的门，进入我们擅长的那个环境，取得属于我们自己的成功。

第二章

结果逻辑：正反面思考，从更高的角度审视问题的本质

# 结果是第一位的

很多时候，在我们思考的逻辑中，我们认为如果我付出了很多努力，但是没有取得好结果的话，那么就是跟我没有关系的，因为我尽力了。但是，这样的逻辑在职场上真的是对的吗？到底是结果重要？还是过程重要？在不同的场景下，可能会有不同的答案。但是，如果是在职场上，那么毫无疑问，结果最重要。没有结果，就算在前面的过程中，你付出得再多，在领导眼里也是毫无意义的零。也许领导会说，你的辛苦他看在眼里，但是实际上，他在自己的心中早就对你的能力做出了评价。

我的一个大学同学在刚参加工作的时候，不管领导安排给他什么任务，他执行的时候都如履薄冰，心里总是一再警告自己千万不能出差错。一段日子过去，虽然同学表现得不是很出彩，但是好在也没有出现什么差错，让同学误以为他已经快速度过了新人期，已经掌握了这份工作的要领了。但是后来发生的一件事让他彻底打消

　　　　　　　　　破局：全面提升你的竞争力

了自己的这种认知。

在三八妇女节的前一天晚上十点钟，大领导突然给他发微信，内容是："明天三八妇女节，送女职工的鲜花都准备好了吧？"他说看到微信的那一刻，他整个人都愣住了。当时的心情从疑惑，到愤怒，再到无奈。先不说当时的时间有多晚，单说准备鲜花这件事情。要知道，大领导之前从来没有交代过他准备三八妇女节鲜花这项任务。大领导也从来没有表示过可以拿出公司的一部分预算来给女职工买三八妇女节鲜花。这深更半夜的，他去哪里买到那么多鲜花呢？网上大部分花店已经停止配送了，可以配送的就算他买到了，那个价格也是大领导接受不了的价格。

他只好无奈地给大领导编辑信息告诉大领导，因为他没有提前交代，也因为自己的疏忽，所以就没有准备三八妇女节的鲜花。正在他准备发送信息的时候，部门的一个老员工给他发来了明天的会议文件。他随口就跟老员工说了这件事情。老员工当时立即阻止他给大领导发送那样的信息。

老员工跟同学说："你是一个职场新人，我说话你别不爱听，在领导看来，他交没交代不重要，重要的是这件事情的结果，那就是你没有完成。你有足够的理由委屈、埋怨，但是领导就会认为这件事没有做好，是你的错。"

同学听完，他说他好像就是那一刻真正明白了学校和职场的不同。学校是你犯错无所谓，老师就是来帮你纠正错误的。但是在职场不行，就算这个错误不是因你而起，你都有可能为它负全责，后果还是直接丢掉饭碗。

后来我的同学在这位老员工的帮助下，找到了公司的另外一位同事，这位同事的妻子恰巧就是开花店的。而且他们家的花店距离公司还比较近，绝对能够在明天上班之前，把鲜花运到公司。经过和这位同事的良好沟通，同学最后以一个相对合理的价格买下了他家的鲜花。这个价格让这位员工和他妻子既有得赚，也让公司领导能够接受这笔开支。在安排好这一切后，老同事让同学给大领导发微信，告诉他，都准备好了。

第二天，上班的时候，大领导看到女职工们收到鲜花时又惊又喜的笑容后，满意地对同学点了点头。同学说当时自己并没有很高兴，反而是突然无奈地觉得自己的职场只是才刚刚开始而已。

相信很多人在初入职场的时候，都会像我的同学那样，有一种这样的逻辑链。那就是我付出了努力，但是工作没有完成，工作错误不是由我引起，那就与我无关，所以我就无须担责。事实上，这种逻辑链看起来严谨合理，但是它忽略了在社会中人性这个重要的因素。大多数人的本性都是宽于律己，严以待人。职场中的大多数领导更是如此。他们作为上位者，脑袋里只有一个观念，那就是我支付你薪水，你就要给我带来效益。你辛不辛苦对他们来说真的无所谓，他们真正在乎的只是你能不能给公司带来效益这个结果。

在工作中，我们也许不能改变工作的结果，但是我们一定要尽早拥有结果是第一位的这种意识。因为只有拥有了这种意识，我们才能停止关注错误和挫折，停止想当然地用与我无关来应对领导。

我们才能把注意力尽量转移到如何克服错误和挫折上面。

那么我们如何把结果是第一位的意识或者说逻辑更好地体现在工作中呢？

### 一、主动承担责任的 owner 心态

在你负责的工作中，如果出现了阻碍因素，你就要想办法清除它，直至出现让人满意的工作结果。就算这个因素不是你造成的，你也要有对这个阻碍因素负责的心态。这并不是让你出头，而是让你对你的工作结果负责。在此基础上，你就会提高你交付结果的能力。你交付结果的能力就会形成你在你们领导心中的标签。你的领导会因为你的工作结果看到你的能力和工作态度，因此会对你产生信任，你才会有机会被委以重任，从而晋升。

### 二、及时汇报工作进度

如果在工作中，出现了你没有办法解决的阻碍，而且会对工作结果产生影响的时候，你就不能向你的领导隐瞒情况，最好的做法就是及时向领导说明现在工作遇到的困难，以及你尝试做了那些努力。向领导请求帮助的同时，你也在降低领导对工作结果的心理预期。提前及时汇报遇到的困难，和领导进行及时有效的沟通。如果领导能够给予你帮助，那么这个工作也可以取得不错的结果。就算是结果最后差强人意，也比让领导突然知道糟糕的结果好。但是最重要的还是要让领导为你提供帮助，来顺利地解决工作中遇到的困

难，得到好的工作结果。

### 三、形成行动、反馈、结果的循环

在以结果为导向，实施工作的过程中，一定要形成行动、反馈、结果的循环。在工作遇到麻烦的时候，可以根据自己的思路来解决问题。在尝试之后，一定要注意总结自己采取的行动得到了什么样的反馈和结果。如果第一次采取的行动没有得到良好的反馈，那么就没有必要再做无用功，继续下去。这个时候应该马上转换思路，进行新一轮的行动尝试，然后总结自己得到的反馈。这样的循环，不仅能够在一定程度上为你工作的结果提供保驾护航，还能够提升你解决问题的能力。在行动、反馈、结果的不断循环中，你的工作经验和能力也在不断地积累和提升。而你的工作经验和能力又帮助你得到更好的工作结果。因此利用好行动、反馈、结果的循环会对你的工作乃至人生产生出一种非常积极的效果。

# 先完成工作，再谈完美

工作质量和工作速度重要吗？毋庸置疑，当然重要。但是如果非要在两者中间选出一个最重要的呢？我做出的选择是工作速度。其实，原则上来讲，工作速度和工作质量并不矛盾。但是很多时候我们的工作能力只能使我们从两者中选择其一，尤其是在我们初入职场的时候。当然，从本质上来讲，并不是选择，而是一种排序。那就追求工作质量之前，先实现工作速度。

在我的高中时代，曾经出现了一件让我十分头疼的事情。那就是我的语文试卷总是写不完。通过自己的思考，我发现写不完的根源就在于我对自己的语文作文质量要求过高。一开始这种情况还不算严重。可是，进入高三之后，我几乎到了控制不住自己的地步。就算在考试开始就告诉自己可以为了凑字数瞎写，可是我就是说服不了自己落笔。我不是完美主义，可是偏偏就在这件事情上，我总是无法控制自己。

后来自己的语文成绩几乎到了全班垫底的程度。终于，我的分数引起了老师的注意。在和她谈话的过程中，她说："作文质量确实重要，但是追求质量的前提是你已经做到了效率。你参加的是语文考试，不是作文竞赛。"

听完她的话，我意识到自己确实需要做出改变了。于是我开始改变策略，强制自己先追求写作文的速度，不再追求作文的质量。就算是乱写，我也要先写完。随着自己策略的改变。我发现自己的语文总成绩一下子就上去了。当然，总排名也得到了提高。后来，在高三的冲刺阶段，我完成了一个进阶，那就是我彻底做到了写作的速度，然后慢慢开始追求写作质量，最后我的语文成绩稳定在了班里的前三名。

经历这件事情之后，我就在心底里形成了这样一种逻辑。那就是，在完成一项任务时，在自己能力有限的情况下，绝对不能要求自己一步到位，想要速度和效率兼有之。而是应该先选择提高自己的速度，在速度提上去之后再追求任务的完美。这个顺序很重要，如果从一开始就选择提升自己的质量，那么如果最后工作任务没有完成，前面的工作再完美也是没有意义的。就像领导让你在一个小时内做出一个汇报的PPT，你专注于PPT制作版面的完美，但是却没有在规定的时间完成领导的任务，这个时候，你追求的完美就有点多余和无用了。再精美的PPT没有在规定的时间内没有做出来，它就失去了它所有的价值。

如今，虽然我们的工作节奏越来越紧张，但是我们因为被各种电子产品围绕，还有自身自律性的不足，所以导致我们现在的拖延症越来越严重，我们的工作速度也随着我们拖延症的严重变得越来越低。那么，我们到底该如何提高我们的工作速度？

在高德拉特的《关键链》中，他说明了这样一个观点，那就是造成现代人工作速度比较低的原因是不良多工。所谓的不良多工的含义是原本可以在规定时间内完成的工作，由于工作主体不停地而且过度地或主动或被动地转移注意力，造成工作主体需要付出更多的时间成本来进行注意力沉淀，最终导致工作速度缓慢，不能按时按量完成工作。

回想一下我们在工作过程中的表现，上午开始上班之后，我们进入状态开始写报告，但是电脑上的微信图标开始闪烁，于是，我们停下来开始回复各种信息，回复信息的过程中，我们又打开了相关的网页，查找相关信息，还没有回复完信息，我们的同事突然告诉我们，周末公司团建的事情，于是，我们和同事又聊了一会儿。当我们准备继续回复信息的时候，领导突然通知我们去开会……

上述的场景几乎无时无刻不发生在我们的日常工作生活中，在这个时代，想要把自己的注意力长时间地放到一件事情上，几乎是不可能的。毕竟有些注意力的转移，对我们来说是必需的，是避免不了的。比如开会等。当然，我们也要承认，这种频繁转移注意力的状态，也在一定程度上对我们的工作效率形成了阻碍。

因为多任务工作，会占用我们的认知资源。根据明尼苏达大学商学院教授 Sophie Leroy 在 2009 年发表的论文中提出的注意力残留的概念，当我们从任务一切换到任务二的时候，因为任务一还没有完成，它会在我们的大脑中占用一部分资源，使我们在做任务二的时候，大脑仍然在计算和处理任务一，所以我们不能百分之百地投入到任务二中。而且这样还会使我们形成多目标焦虑，产生认知上的负担，所以势必会影响我们在任务二上的表现。

事实上，多任务工作的危害，还会造成我们工作错误率的上升。在2014年密歇根大学的一项研究中发现，就算是几秒的走神，比如浏览一下网页，看一下短视频等，都会使我们工作的错误率提升两倍左右。这是一个可怕的数字。

我们想要克服这种由多任务工作带来注意力的过度转移，就必须尽量避免碎片化工作。为了尽量避免碎片化工作，我们需要为自己每天的工作列出具体而清晰的计划。有了计划，我们在头脑中时刻就有了清晰的目标。我们的行动就不会漫无目的，我们也就不会随便走神。在列出计划的基础上，我们还要学会养成微习惯，比如我们可以每天选一个固定的时间来回复信息。同时，将自己的工作流程化和模块化。在一天的工作任务结束后，都要定期复盘、整理和反馈。在不断地复盘中，不断修正自己出现错误的行为。当然，这是一个需要坚持的过程，但是这个过程也是我们注意力不断回正的过程。坚持一段时间之后，你就可以发现，你的工作效率会有明显的提升。当完成工作对你来说不成问题的时候，你就可以开始追求工作质量的完美了。

# 想赚钱就要有担当

钱，我们当然是喜欢的。但是我们讨厌承担责任也是真的。几乎大多数人的理想工作都是事少钱多离家近。但是这样的工作对于普通人来说，几乎是不存在。我们总是想做最少的事，拿最多的钱，只是可惜老板不是傻子，所以在老板不傻的情况下，我们只能是干多少事，拿多少钱。

虽然现实情况是这个样子，但是我们往往因为自身的惰性，所以追求的方向恰好相反。我们的逻辑问题就出现在这里了。我们明白多劳多得这个道理，但是我们在潜意识里还是喜欢追求少劳多得。总是觉得在公司里别人承担多一点，自己就轻松一点。我们讨厌承担责任，就像讨厌风险。但是细想一下，伴随风险而来的就是收益啊。

格力董事长董明珠女士，在 1990 年的时候还是一名基层业务员。由于她的业绩还不错，所以她得到了一次升职的机会，在 1992

年的时候，董明珠被派去了安徽省。董明珠刚到安徽省任职的时候，就出现了一件非常棘手的事情。当地的一位非常知名的经销商，拖欠了格力42万元的欠款。这个欠款是上一个业务员留下的。

此时，格力是有专门追债的部门和人员的。但是他们一次一次的追债都失败了。董明珠此时其实没有必要接这个烂摊子。可是最后她一点不犹豫地接手了。在安徽最炎热的夏季，她用了整整40天，所有手段都使了个遍，但是对方经销商就是软硬不吃，逼得董明珠直接放下一切工作，每天就跟着这个经销商，让经销商无路可逃。但是就算是这样，经销商还是不打算还钱。

被彻底激怒的董明珠爬高踩低，混进了这个经销商的仓库，最后终于在仓库中找到了自己公司的空调。然后叫上车子，自己和工人一起把一台台空调装车拉走了。走出仓库的时候，董明珠满眼含泪地对那个经销商说："以后，再也不会和你做生意了。"就算是多年以后，铁娘子一样的董明珠在一个访谈节目中再提起这段经历的时候，也忍不住心酸动容。

可是回顾董明珠的发展，恰恰就是这次要债成为她人生的转折点。就是因为这个要债事件，使得格力高层朱江洪注意到了她，后面对她越来越委以重任。可以说她是因为要债事件，一战成名。因此她最后才有了成为格力董事长的机会。

从董明珠的经历中，我们不难发现，真正让董明珠实现名利双收的正是她的勇于承担。如果当初她退缩了，说不定，就没有我们现在看到的在商业中叱咤风云的董明珠了。

所以，从功利一点的角度来说，你选择承担责任的大小，决定了你挣钱的多少。当然，这里的承担责任，并不是让我们去当冤大头，把大大小小的责任和工作任务都往自己身上揽。而是当公司出现能够锻炼我们自身能力，又对我们的职业发展有利的工作任务的时候，我们绝对不能选择退缩。我们选择承担这个工作任务一定要像选择钱一样毫不犹豫。

作为普通人，我们都有着一个几乎一样的愿望，那就是想要自己衣食无忧，想要自己的家人过上更好的生活。但是如果永远都只停留在想的层面，而不去行动，那么我们的愿望是永远都不会变为现实。其实，我们从青年到壮年的时光真的没有我们想象得那么长，时光飞逝，趁我们还年轻，还有能力可以拿承担责任去换取物质，我们真的应该搏一把。毕竟，领导永远都不会因为我们可怜，而多给我们一分钱。

承担更多，肯定也意味着更累，尤其是持续付出，还看不到成果的时候。也许我们也曾经在某一天清晨或者夜晚下定决心要承担起更多的责任，成就一份事业。但是我们总是容易间歇性自律，持续性懒惰。在一次又一次的反复过程中，我们并没有干出什么成绩，更没有挣到更多的钱。于是我们好像坠入了深渊，迷茫，焦虑，不知道自己人生的意义在哪里。我们也会忍不住疑惑，究竟该怎么爬出深渊，坚持主动承担下去？

我们需要建立一种"Be-Do-Have"的心智模式，Be 就是先探索自己内心真正的诉求。这个诉求就像信念一样，它来自你内心真正的欲望。比如你就是想挣钱，那你可以简单粗暴地直接将它等于成为有钱人。Do 就是在 Be 的基础上，你已经意识到了挣钱的重要性，你知道成为有钱人就是必须承担更多的工作任务。在这逻辑下我们可以彻底从心底说服自己主动去承担工作任务。Have 就是在 Be 和 Do 的基础上，自然而然，我们就会得到挣到更多钱的结果。其中 Be 就是我们最大的驱动力。

如果我们有了这个心智模式，但是我们还是出现了半途而废的情况怎么办？首先，我们要告诉自己，这很正常，毕竟，我们是人，不是永动机，况且永动机也不存在。

真正让我们半途而废最有可能的原因是我们对辛苦付出、承担工作任务之后的结果期待很高，但是现实却非常残酷。这两者之间的落差，让我们觉得我们所有付出都没有了意义。拼了命地工作，工资却一点没变确实容易让人垂头丧气。

我们想要避免半途而废，就要把我们进取的阶段分为四个。这四个阶段分别为意识阶段、准备阶段、行动阶段和保持阶段。

其中，在意识阶段，我们已经准备挣更多的钱，所以我们已经有了充足的动力去承担更多的工作任务了。我们往往会半途而废是因为我们忽略了准备阶段，我们在选择承担工作责任的时候，要有一个循序渐进的过程。因为我们虽然有着强烈的动机和欲望，但是当我们的能力匹配不了我们的欲望的时候，我们就会感到挫败。所以就非常容易半途而废。就好像我们明知道我们可以从预算一百万的项目中获得更多的提成，但是我们如果连预算十万的项目都没有负责过，那个一百万的项目可能会直接毁了我们。所以选择承担，也一定要注意慢慢累加。不要不管不顾就往上冲。

如果我们顺利度过了准备阶段，那么我们就来到了行动阶段。通过行动阶段，我们就会获得自己能力的积累，还有心态上的改变，最后成就达成。同时我们也会进入保持阶段，这个时候我们就已经战胜了自己的惰性，形成了自己获得成功的一条路径。

# 别让厉害停在口头上

2016 年，万达花重金在南昌投资建立了万达城，万达将竞争的矛头直指上海迪士尼。在当年的《鲁豫有约》中，当时风头正劲的万达集团董事长王健林一边吃着韭菜盒子，一边非常自信地对鲁豫说："我们的目标就是让上海迪士尼 20 年内盈不了利。"鲁豫听了笑着问王健林："这事他们知道吗？"王健林这个时候放下手中的筷子毫不犹豫地说："我公开演讲。"

不仅是在《鲁豫有约》中，王健林在央视的对话栏目中，也表达了"现在已经不是看米老鼠和唐老鸭就为之疯狂、盲目追逐的年代了，迪士尼中国的财务 10–20 年之内盈不了利"，"它实在不应该来中国，再加上中国有万达"这样的言论。

当时的万达在商业房地产和高级酒店领域确实是非常有实力的，它的旅游文化发展也确实十分迅速，所以在王健林表达了这些言论之后，国内民众对万达的期待还是非常高的。

　　　　　　　　　　　　破局：全面提升你的竞争力

但是仅仅过去了七个月，迪士尼就用实力证明，万达根本就没有资格成为它的对手，王健林的预判也是错误的。根据迪士尼在2017年4月1日公布的2017财年第一季度报告显示，上海迪士尼已经实现小幅度盈利，而且也即将迎来1000万个游客。

在当年的一个商业记者会上，有一个记者提问王健林："您曾说，有万达在，迪士尼在20年之内，别想盈利，您现在还是持这个观点吗？"听完记者的提问，当时王健林非常尴尬地端起水杯喝了好几口水，之后非常窘迫地回答说："你说你这个人吧，你这问题问的，你没有看到我去美国访问迪士尼总部吗？我们两个都很亲密地合影了，都和好啦，你又来挑事儿，这个话我不能回答你了。"

因为这个事件，大家都开始觉得王健林真的对万达太过自信了，原来万达的厉害也只是停留在口头上而已。

王健林在我们看来，是已经非常成功的人了，也是商界里面的传奇人物了。但是因为他逞一时口舌之快，最后也闹了个贻笑大方的局面。所以我们作为普通人，更不能让自己的厉害仅仅停留在口头上。有的时候，在口头上越是夸耀自己厉害，越会容易招致身边人的反感。大家每个人的心里都有杆秤，你做出了什么成绩大家都一清二楚，你的厉害，应该用行动和实力证明，不需要多此一举，过度夸耀自己。

我们在真正变得厉害之前，最应该做的，就是克服自己想要炫耀的欲望。在说到克服这种欲望之前，我们需要先了解一下，我们这种夸耀的欲望到底是因何而起。心理学家马斯洛把人的需求从低到高划分了五个层次，这五个层次分别为：生理需求、安全需求、社交需求、尊重需求和自我实现需求。我们之所以喜欢夸耀自己的能力是因为我们出于社交需求和尊重需求。我们希望通过自己的夸耀可以进入某些圈子，希望别人给我们更多的尊重和接纳。但是这是一种价值感不强的表现，也是对自我定位不清晰的一种表现。反映的是我们内心不够自信和视野的狭隘。

克服炫耀最好的方法就是拓展自己的视野，提升的路径包括读万卷书，行万里路，多经历，多思考。让自己从知道自己知道的境界进阶为不知道自己知道的境界。当我们的眼界变得广阔，我们就会意识到自己的渺小，我们就会从心底里变得谦逊，才能从根本上克服自己想要炫耀的欲望。

那么如何变得更厉害呢？毫无疑问，应该改变我们的习惯。你的习惯将会决定你的命运。为什么有的人可以高效工作 10 个小时以上，而我们仅仅工作两个小时就觉得自己扛不住了？因为习惯不一样。我们的坏习惯到底该如何改变？

在谈我们的习惯之前，我们首先要明确一个概念，那就是我们的大脑不喜欢决策，所以我们的每次决策都会消耗我们大量的能量。我们聪明的大脑的就会本能地会减少决策，形成以最简单省力的模式来作为日常运转的方式，那就是习惯。让习惯运行的器官是基底核，举个例子大家就可以明白基底核的作用了。我在上大学时候，有一个室友，通过一年的跳绳减重 20 斤。看到室友取得这么大的成就，我也动心了，所以也去跟着她跳绳。在刚开始的时候，我跳了 500 多个就累趴下了，中间还是断断续续地跳 20 多个就会被绊一下。明明室友和我一样，上了一天的课，但是她一边和我说话，一边跳绳，跳得又快又轻松，还是连续跳。数量也是我的好几倍。为什么？因为对她来说，每一次跳绳的动作，都被她组成组块，压缩进基底核中。她根本用不到意志力来组合动作，直接从基底核中调出组合动作，所以她会取得高效的成果。

如何利用基底核原理来形成习惯呢？开关、行为、回报是一个习惯模式的三个步骤。首先是开关，这个开关就是我们在空闲时思考，觉得自己应该要有所改变的念头。行为就是执行我们要做出改变的念头的行动。而养成习惯最重要的一个步骤就是回报。和前面提到的 Be 是类似的，这个回报必须要触动你内心最真实的渴望和需求。养成优秀习惯的一个正确步骤是，我们带着渴望的回报，触动了开关，然后行动，最后真的产生回报，我们被正向激励，基底核把这个行为组块化，于是我们就养成了习惯。

拿牙膏举例，为什么现在很多牙膏中都有薄荷的味道呢？就是因为售卖牙膏的商家想要加强消费者刷牙产生回报的感觉。我们之所以刷牙就是因为我们想要清洁口腔的渴望和需求，所以我们采取刷牙的行动。牙膏里面加入了薄荷，所以我们在感受到口腔里有强烈的薄荷气息的时候，我们就觉得口腔被消毒了，我们的口腔实现了清洁。我们获得了我们渴望得到的回报，所以我们就会强化刷牙这个行为，最后，在基底核的作用下，我们就把刷牙的动作组块化，在日常生活中，我们根本就不觉得每天刷牙有多费劲，所以我们就养成了刷牙的习惯。

所以我们可以利用基底核来培养自己一个又一个优秀的习惯，在很多个优秀的习惯培养起来之后，我们自然就变成厉害的人了。因为我们的优秀是习惯铸成的，所以我们举手投足之间，还有我们取得的成就，都会显示出我们的实力，根本就不需要我们用言语来证明。

# 有成绩的加班才是加班

对现在的上班族来说，"996"几乎成了标配。但是，更让人恼火的是无休止的加班。最让人感觉恶心的是，这里的加班很多时候是为了加班而加班，是领导觉得你应该加班。加班常态下的我们到底得到了什么？前段时间，一个加班的新闻上了抖音热搜，内容是北京一个女孩连续加班半个月，生日当天完成工作后，又被叫回公司加班，女孩终于忍不住在网约车上崩溃大哭。女孩哭着说："我都加班半个月了，好不容易下班早一点，他又让我回去。就联通和银行给我发了信息，祝我生日快乐。"女孩崩溃大哭的样子引起了很多人的唏嘘，因为那种疲惫和辛酸是大多数打工人都有过的经历。

当然，也不能一棍子打死加班这件事情，如果是那种有偿加班，在加班过程中，我们确实可以得到一些我们想要的东西，比如合适的加班费，或在加班过程中，我们可以获得自身能力的提升。

那么加班就会变成我们心甘情愿的事。但是偏偏有些领导就是想要马儿跑，还不给马吃草。总是安排一些无意义的加班，让大家一起耗时间，干熬，加班成了我们最累的表演。

我们很多时候，作为弱势群体，确实拒绝不了加班，但是无效加班和有效加班，是两个完全不同的概念，为了在领导面前表明自己的态度，就不停地进行表演式加班，可能在短时间内会获得一些东西，但是从长远来看，就是蹉跎岁月，也是对自己的不负责，搭进去的还有身体的健康。在无法避免加班的情况下，我们的加班一定是要有成绩的加班。要么给够钱，要么给够上升空间。如果公司就是那种要求持续进行无偿又无意义的加班，那么在有能力的情况下，尽快辞职。

千万不要相信那些无良老板口中，不加班就是不上进的鬼话。不管他们怎么和我们做思想工作，千万不要被洗脑。我们需要明白一点，那就是领导的工作特点和我们是不一样的。

首先，领导工作的空间很独立也很私密和封闭，他们大多数都拥有自己的独立办公室，我们作为普通员工是没有办法实时知道领导在里面的工作状态是什么样的。有的时候，你忙出天际加班的时候，你的领导可能正在品茶。

其次，领导的工作量是难以统计的，一般职位较高的领导，公司对他的考核标准也就比较灵活。高层领导更多的日常工作是督促下面的员工把任务完成。所以领导永远觉得员工加班不够多。还有可能，领导想加班，只是因为家里的老婆这几天太唠叨。

再次，领导的工作时间是比我们这些普通员工更自由的，他们可以对自己的时间安排很灵活。很多时候可以自由外出，你以为他是谈业务，其实，他是准备提前吃晚饭。他也有可能真的去工作了，但是有的时候他的工作内容是和合伙人做伴去打高尔夫了。

最后，在一些企业里，有些高层领导是有公司股份的，所以他们当然会拼了命地让员工加班，毕竟，员工加班越多，他们挣的钱越多。但是，我们不是机器，我们是有血有肉的凡人之身啊！我们的身体是有极限的。

更没有必要和同事比加班，因为有些人是天生的夜猫子，白天工作效率不高，晚上反而精神百倍。一般这种人都是加班熬夜成了一种惯性。加班熬夜对他们的身体损耗就会比较小。

无效加班真的不可取，现在的社会竞争真的很激烈，在我们持续性无效加班几年后，我们会发现，自己已经在市场上丧失了竞争力了。因为能力没有真正提升，而年龄优势也在消失，身体健康状况也是不断下滑。更可怕的是，我们的加班并没有使我们的钱包真正鼓起来，我们加班那么长时间，却不够我们抵挡任何风险。老板们都不傻，你在工作中，如果没有拿出真正的成绩，他们根本不在乎你加了多少班，甚至还会觉得，你总加班，是因为你能力比较低。

加班要有成绩，这里的成绩不仅仅是对于老板而言的，还是对我们自己来说的。如果是在大厂，比如腾讯、字节跳动，或者华为，加班费是很明确的，工作任务量确实需要加班才能完成的情况下，我们的加班是有意义的加班。因为无论是对老板来说，还是对自己来说，我们都得到了彼此想要的东西，这里的加班是相对合理的。或者我们的加班是因为我们自身没有完成我们的工作，再或者，我们能够通过加班，攻克几个重大项目，能够获得自己能力的提升。

如果为了满足无良老板的要求，我们长时间表演加班，自己还觉得自己很聪明，借着不得不加班的借口，蹉跎时间，不主动进取，不做任何有利于我们提升的事情，那就是我们的不对了。

如果在正常的上班时间，你真的可以拿出你的能力，工作完成度很好，那么老板也一定可以认识到你的价值，所以可以在真正工作时间内解决的问题，没有必要拖到加班来解决。当然，排除不了加班是老板强制的。如果老板有强制加班的习惯，可以在一开始的时候，不能每次都答应老板加班的要求，要偶尔答应，偶尔不答应。如果你从一开始就听话，每次都加班，那么你后面有一次不加班，老板都觉得你欠他。如果实在没有办法避免常年无休无偿的加班，那么这种工作不做也罢。在我们最具优势的时候，赶紧跳出牢笼。虽然加班是普遍的，但是企业和企业之间的加班，差距还是很大的，要选择加班补偿制度比较完善的公司。就算是加班，我们也要把自己的时间卖出个好价钱。总之，要么不加班，加班就要加出成绩。

# 不仅把工作做完，还要做得漂亮

在前面的章节中，我们谈了工作效率的重要性。工作做完，是公司和领导对我们最基本的要求。完成工作，也是我们能够在一个公司立足的前提。但是从长远来说，如果对自己的标准永远都停留在完成工作上，那么我们就把我们自己上升的道路封死了。

上大学的时候，我选修了一门关于人力资源的课程，给我们上课的是我们学院的院长。院长讲课幽默，旁征博引，我们都很喜欢他讲课。一学期下来，确实从他那里学到不少东西。到了期末的时候，院长决定让我们分成小组，选择相应的课题，进行展示。展示成绩算总成绩的一部分。

到了学期末，大家都比较忙，再加上人力资源课程学分比较低。所以小组内大家一致选择随便糊弄一下，踩着截止日期的点，提交了我们组要展示的PPT。我们提交的时候，已经晚上10点多钟了。提交完，大家就忙着准备其他科目的考试了，也就没有关注。但是在凌晨 1 点的时候，我们小组每个人的邮箱都收到了院长的邮件。

邮件中把我们每个人制作的那部分的 PPT 从标题到标点符号，从背景到文字行间距，从翻页动画到字体字号……不足的地方，全部进行了批改和标注。他还提醒我们，最好准备好不同投屏比例的 PPT，保证和教室多媒体的兼容，在展示的时候，可以达到最好的效果。

在邮件的末尾，他说，他能够感受到我们上课时的认真，但是却不明白我们的 PPT 为什么做得这么粗糙。如果不是了解真实的我们，那么他会因为这份 PPT 对我们印象极差。也许，大学四年，他只能教我们这一门课，以后不会再有接触的机会。但是相比于课本知识，他更想让我们明白，我们交出的作业质量反映着我们的学习态度。在以后的工作中，老板也会用我们的工作成果的质量来判断我们的工作态度。这个世界上，大多数都是普通人，能力相差根本没有多大，真正拉开人与人之间差距的，往往就是那些微不足道的细节。他希望我们能够在乎并且处理好这些细节。

正是由于学生时代老师的这种提醒，我才少走了很多弯路，才能在自己的职场中得到很多人的认可。每次在想把工作任务草草了事的时候，我就会想起院长的那封邮件。

在职场上待得越久，就越是觉得他当年那句话说得有多正确，其实，自己和身边的很多同事能力都是差不多的，真正让一个人脱颖而出的就是那些在工作中微不足道的细节。因为工作质量代表着一个人对自己的要求，对自己要求高的人，得到的奖励自然也比别人高。

当然，注意细节，只是提高我们工作质量的一部分。在保证工作效率的基础上，我们可以通过 PDCA 全面管理来使我们的工作质量更完美。PDCA 是全面质量管理的工作步骤。它是由美国管理学家戴明首先总结出来的，所以又称戴明循环。

P 是计划 Plan 的缩写，在这个阶段，我们需要对自己的工作任务进行具体的分析和策划，掌握我们的工作任务需要哪些过程和步骤？需要使用什么资源？工作的重点是什么？工作的具体要求是什么？我们完成这项工作任务最大的难点在什么地方？

在 P 阶段，我们可以利用 5W1H 法来制定工作实施步骤。5 个 W1 个 H 分别是：为什么要制定这样的步骤（Why）？想要达到什么样的目标（What）？需要在何处实现目标（Where）？有哪些人参与了这项工作，要为这项工作负责（Who）？完成这项工作的截止日期是什么时候（When）？需要怎么完成工作（How）？

D 是实施 Do 的缩写。磨刀不误砍柴工，在 P 阶段对我们的工作任务策划好之后，就可以直接按照我们在计划阶段策划的过程和步骤实施我们的工作任务了。

C 是检查 Check 的缩写，在这个阶段，主要是在完成工作任务后，对自己的工作进行反思和我们的计划阶段进行对照。我们的目标完成了吗？完成到了什么程度，中间是否存在什么问题？如果通过检查，发现已经完成了计划的所有目标，那么就能进入下一个阶段了。如果发现没有实现计划的目标，那么就要停下来，思考总结目标没有实现的原因和问题。观察问题能不能解决？如果不能解决就要回到计划阶段，重新调整计划和措施。

A 是行动 Act 的缩写，在这个阶段，我们要总结我们在上述过程中取得的工作成果，根据我们这次成功的经验，对自己以后的工作制定相应的标准，根据这些标准，尽量让自己的工作流程化，巩固我们已经取得的成就，也不断优化我们的工作流程。久而久之，我们就会发现，自己的工作质量已经得到全面提升了。

就拿录制电子单据这个简单的工作任务来说，第一，明确自己制定工作步骤的目的是保证我们制作的电子单据绝对正确。第二，我们要实现的目标就是录制电子数据和原始数据的绝对一致。另外就是格式也要绝对正确。第三，我们在自己的工作岗位上就可以完成这项工作任务。第四，这件工作的主要负责人就是给自己提供原始单据的同事和得到录入电子单据任务的自己。第五，这项工作的截止时间是下午下班之前。第六，我们的工作步骤是首先确保自己获得正确真实的原始单据；其次要从上级那里得到正确的录制电子数据的匹配模板；再次，和领导确认有没有什么特别需要注意的地方，或者需要进行修改的地方；最后我们要确定好电子单据录入的正确顺序。

在完成上述工作后，我们就可以进入实施阶段，就可以根据计划阶段的步骤录入数据了。

当全部的电子单据录制完毕后，我们就来到了检查阶段。在这里我们对录制的电子单据和原始单据进行多次对照检查，看看是否完成了计划中对于这项工作设定的目标。如果在检查过程中我们发现因为自己在中午午休时，忘记了保存数据，导致前面录完的数据丢失了一部分，那么我们马上就进行补救，在规定时间内，把丢失的数据再次认真录好。然后多次检查，直至确认录制的电子单据没有任何问题。

最后，我们就可以把我们经历的这个录制电子单据的工作任务流程化了。根据这次的工作失误——没有及时保存，把及时保存的目标纳入计划阶段中，这样我们就能进一步优化我们的 PDCA。然后把不断优化的 PDCA 作为我们保证工作质量的标准。

另外，在利用 PDCA 全面质量管理时，我们也要在心态方面进行调整，在面临一项工作任务，尤其是重大工作任务的时候，一定要让自己的心态紧张起来。我们紧张起来之后，就会变得更谨慎。所以在把工作做完的基础上，我们还要做得漂亮，要做到出手无次品。

# 老板不会接受你没做出业绩

在 2020 年的时候，华为轮值董事长徐直军宣布了一项计划：2020 年要末位淘汰 10% 主管。徐直军表示，华为要树立正确导向，铲除平庸干部，祛除惰怠员工，激活组织。干部和员工要祛除自身的惰怠行为，要主动规划队伍的梯队化建设，干部队伍要保持 10% 的淘汰率。

徐直军每一句话说得都很漂亮，但是这种漂亮是对华为这个公司来说的，对华为那些兢兢业业的主管来说，却是一件非常残忍的事情。但是没有办法，华为宁愿给足量法律的补偿，也不愿意再给那些拼死拼活，却依旧没有完成业绩的主管一次机会。这样的末位淘汰制，甚至都没有给那些主管一次解释的机会。

其实，这已经不是华为第一次进行这样的操作了。在 2015 年 9 月，华为就已经淘汰了 3 万到 5 万名员工。那时华为给出的解释是："内部正在进行人事调整，淘汰一些考评不合格的员工，并引入更多高性价比的员工。"

是的，现实就是这样残酷。但是这样还不是最惨的，最惨的有些员工几乎把自己最好的青春年华献给了公司，在公司待了十年，甚至是十几年，可能仅仅是因为一个项目出了一点差错或者是说KPI 一次没有达标，就被进行了辞退处理。更有甚者，就算是业务达标了，却因为年龄的原因也被辞退。就拿 2016 年来说，亚马逊员工均龄 31 岁，谷歌员工均龄 30 岁，脸书员工均龄 28 岁……而均龄 38 岁的老牌公司 IBM，在 2017 年时也采用了各种办法裁减 40 岁以上的员工。

40 岁的时候被辞退，那对员工来说该是怎样的境况，前面有一些经济积累的还好，如果没有，那等于对 40 多岁的员工判了死刑。在 40 岁的时候，上有老，下有小，压力不是一般的大。更重要的是因为长期待在一个公司，所以能力有所单一化。就算有一定的多元化能力，但是市场根本就不会给你证明的机会。一个员工，在 40 岁被辞退后，还能找到一份好工作的概率，几乎等于捡漏的概率。

公司就是这么无情，老板就是这么无情。他们才不会在乎被辞退之后的你究竟怎么办，他们只会松一口气，觉得公司又清除一个只拿工资不干活的废人。

所以这就要求我们永远要树立一种观念，那就是不要错把人情和原则混为一谈。不管你在公司待了多少年，不管你在老板手底下工作了多久，永远要清楚地告诉自己，你和老板永远都是上下级的关系。永远不要指望老板因为跟你存在多年的情谊，就会对你心慈手软，如果你没有拿出应有的能力完成公司的业绩，说不定他还会觉得你越来越碍眼。就算是老板一时跟你称兄道弟，你也不要迷失，应该一直摆正自己的位置。

在 2017 年，央视播出了一个关于宣传互联网创业正面典型的纪录片。央视选择了京东作为这个纪录片的主角。

在这个纪录片中有一个片段，是一个刘强东宴请京东各部门员工的场景，当时坐在刘强旁边时任京东副总裁的杜爽突然告诉刘强东自己已经怀孕四个月了。刚开始刘强东得知这个消息的时候，神色还是很自然的，还向杜爽道了声恭喜。但是，当杜爽说完："我不会耽误工作的，老板！"

刘强东直接进入了训话模式。在后续的对话中，刘强东直接对杜爽说："你这体质，我倒希望你去多请下假，没关系……说实在的，你休假也给兄弟们一点机会……有时候不要认为自己就是说一天不在了，整个部门就散了，不会的。"

杜爽是何许人物呢？她在 2008 年就进入了京东，从京东的管培生做起。截至 2017 年节目播出，她用了整整九年从管培生做到了副总。中间自动离职一年还是为了调整思路，琢磨怎么在京东更好地做事。她工作的时候，到底有多拼呢？为京东工作的九年里面，她从来没有请过年假，也从来没有请过病假，跟供应商喝酒喝到胃出血……

可能正是因为这九年跟刘强东的接触，所以才让杜爽觉得凭自己跟老板的关系，老板一定会给自己这个面子，绝对不会因为自己怀孕而轻视自己。但是现实结果就是，当着央视镜头，刘强东仅仅用了几句话，就让杜爽不得不被杯酒释兵权。

在节目播出四个月后，杜爽自动从京东离职了，至于离职的原因，大家都心知肚明。

所以，无论你在公司工作了多少年，无论你做到了公司多高的职位，无论你和老板有过什么过命的交情，都永远要牢记，你们是上下级关系，你们之间只有利益关系才是永恒的，只有你给老板带来利益的时候，老板才觉得你的存在有意义。在利益面前谈感情，绝对是最幼稚的行为。

我们能做的就是不停地提升自己的能力，能力越强，我们所拥有的后盾就会越坚固。千万不要贪图安逸享乐，生活就是一个温水煮青蛙的过程，在你把拥有安稳的工作是想当然的事情之后，生活会突然给你一记闷棍，面对突然的被辞退，那个时候，不管怎么样深刻的醒悟，都太晚了。

职场残酷无情，如果我们的业绩真的没有达标，那么不管是什么原因，在面对老板的批评的时候，就算是公开批评也要控制住自己第一时间想要辩解的欲望。因为这个时候，老板根本就不在乎你为什么没有完成业绩，他只关注你没有完成业绩的结果。等到这件事翻篇之后，在一个比较轻松愉快的氛围中，再跟老板解释，到底是发生了什么非主观性的问题，才使得自己的业绩没有完成。效果就会比当场直接辩解好得多。

其实，在沟通原则中，如果老板在批评你的时候，你最好的做法就是坦率承认自己的错误。在卡耐基所著的《人性的弱点》中提到，如果真的是自己的错误，那就一定要坚决坦率地承认错误。甚至在对方开口之前就抢得先机，自己检讨，把对方想说的话说出来，不给他留任何余地，百分之九十的情况下，等待你的将会是宽容和原谅。

# 第三章

# 学习逻辑：

## 看见时代进步产生的新机会

# 你可以拒绝学习，
# 但你的竞争对手不会

　　在谈为什么不能拒绝学习之前，我们先了解一个词——熵。这是来自热力学第二定律中的一个词。它的学术意义是体系混乱程度的度量。简单来说就是如果一个非活系统被独立出来，由于切断了和别的系统的联系，在热传导的效应下，一开始，它的整体温度就会开始变得均匀。但是后续因为没有新的能量注入，所以这个系统的热量就会慢慢减少，直至完全冷却，随着冷却到来的还有这个系统自身的毁灭。

　　其实，所有的系统都有一种自毁的趋势，会向"熄灭"或者"圆寂"的方向发展，这个趋势就叫作熵增。熵值达到最大的时候，系统也到了无序状态的顶峰，自然也就会向熄灭的状态发展。为了避免系统的熵增，就要将系统变成开放的系统，因为只有这样，系统才能源源不断地得到能量。系统这种源源不断得到的能量叫作负

　　　　　　　　　　　　　　破局：全面提升你的竞争力

熵流。一个系统，只有得到负熵流，才能一直存在下去。就像是沙漠中的一块绿洲，只有得到更多新的雨水或者是地下暗水才能继续维持下去。

人也是一样，每个人就像一个系统一样，我们也需要负熵流。如果一个人停止了开放，停止学习，停止输入新的信息，那么这个人就像一个快没有柴火烧的火炉。当柴火越来越少的时候，火炉里的火就会越来越小，人就像火炉一样在走下坡路。当再也没有柴火烧的时候，那么火炉就只能熄灭了，人也就没有路可走了。

现在的世界变化越来越快，这就要求我们必须更要重视负熵流的输入。而且我们还要持续性地得到负熵流，绝对不能故步自封。如果你没有重视也没有主动去获得负熵流，那么你的竞争对手会用实际行动告诉你，在你没有自动熄灭之前，他就会让你被动熄灭。

曾几何时，诺基亚手机畅销全球，占据全球 41% 的市场份额，用过或者是接触过诺基亚手机的人都知道，它制造的手机质量好到可以当砖头用，用来砸核桃都不在话下。但是面对时代快速发展还有消费者多样化需求的现实，诺基亚似乎无动于衷，甚至在苹果的 iPhone 横空出世的时候，诺基亚还是固执地认为它仍然具有和苹果对话的地位和权力。面对苹果的发展现实，由于安卓系统没有满足诺基亚使用其自己的地图导航和音乐，诺基亚仍决定继续固守自己的塞班系统。最终诺基亚这个曾经风光一时的手机行业的龙头，在强大的苹果面前没有丝毫的招架之力。虽然几经挣扎，但是太晚了，它已经错过了最佳时期，最后诺基亚只能把手机业务贱卖给了微软。

为什么大学毕业五六年之后，当年坐在同一间教室，由同一个教师上课的学生从校园出来之后，人生会产生那么大的差距呢？真的仅仅是因为原有家境的原因吗？我们也会看到那些原有的家境不好的同学，在后面可以逆风翻盘，达到当年大家都想不到的程度。而且这种超越不仅仅是金钱和地位层面的，还是精神层面的。

为什么？原因很简单，那就是有些人在进入 30 岁之后，甚至是在更早之前，就开始觉得自己该掌握的东西已经掌握了，自己的工作和生活开始进入固定和平稳阶段，似乎再学习的意义已经不大。但是有些人不是，不管到了什么年龄，他都在进行持续稳定的学习。当一个人的知识规模积累到一定程度，就会出现"涌现"效应，知识积累得越多，涌现效应就会越明显。这就像大海中出现的漩涡一样，一开始是从一个小漩涡开始的，对于广阔的大海来说非常不明显，但是当这个漩涡不断地带动其他水分子，就会形成一个巨大的漩涡，这个时候这个漩涡就会产生一种巨大的力量。如果我们放弃了学习，我们什么都做不了，只能被漩涡裹挟着前进，我们没有任何力量去跟它进行对抗。就像《三体》中的那句话："弱小和无知不是生存的障碍，傲慢才是。"

有些人可能会说，当然知道终身学习是好的，但是现在的工作实在是太忙了，太累了，真的抽不出来时间学习。是真的抽不出来时间学习吗？不，你只是在为自己不想学习找借口而已。把吃饭时看的综艺换成一些书籍，把刷抖音的时间用来学一些专业知识，用上班摸鱼的时间来对自己的工作和生活进行有意义的复盘。但是你不愿意这样做，因为你觉得那样太累了。但是你的竞争对手在你拒绝学习的时候，他们都在持续前进。于是，在你的能力跟不上这个时代的时候，你就没有选择的余地，你只能眼睁睁看着新招进来的实习生的工资都比你的多，你却没有任何可以拿来与公司进行议价的东西。看着身边同事一个一个高升，你只能羡慕。

古代的先贤智者在几千年前就告诉过我们生于忧患，死于安乐的道理，但是我们总是觉得自己到不了那一步。可是仔细想想，人生真的很残酷，不能重来，在你拿着时间的筹码玩耍的时候，说不定，你的竞争对手正在拼了命地努力。

1892 年柯达公司诞生，到 1996 年，柯达公司拥有超过 14 万名员工，它的市值达到了 280 亿美元，它占据了美国 85% 的相机市场，2012 年柯达申请破产保护。从诞生到巅峰，柯达用了近百年时间，而从巅峰到谷底，它只用了十几年时间。无疑，柯达是胶卷相机时代的王者，它几乎把胶卷相机做到了堪称完美的程度，但是因为在佳能数码相机卖得热火朝天的时候，它仍然固守自己的胶卷相机，最后，伴随着佳能的崛起的是柯达的破产。被淘宝一开始看不上的拼多多，最后成了淘宝最大的威胁。根据拼多多 2021 年第一季度财报显示，截至 2021 年 3 月 31 日，拼多多年度活跃买家数达到 8.238 亿，已经连续两个季度领先于国内其他电商平台了。曾经在微信没有出来之前，小米的米聊眼看就要成为最成功的即时聊天工具了，在小米还没有来得及对米聊进行迭代升级的时候，微信就出现了。微信以其小步快跑，试错迭代的方式快速反超小米。最终，腾讯用微信为自己筑成了日后不可撼动的流量池。小米就这样错过了一张好牌。

所以在拒绝学习的时候，问问自己是否心甘情愿地败给自己的竞争对手，永远做羡慕别人的那一个？如果甘愿躺平，不再努力，那是你的权利，但是要做好承担因为不努力而被淘汰出局的后果的准备。也许你也不会被淘汰，但有一点是肯定的，那就是你失去了选择权，选择权意味着你人生的自由。你是不是愿意放弃那种自由？如果不愿意，请你现在就开始奋起直追。

破局：全面提升你的竞争力

# 学习既是投入，同时也是资产

　　乔布斯在2005年斯坦福大学毕业典礼上的演讲中提到一段他从斯坦福辍学的经历。因为斯坦福大学昂贵的学费，那几乎花光了他养父母全部的积蓄。所以他在上了六个月的学后，毅然决定从斯坦福辍学。

　　在辍学之后，乔布斯并没有放弃继续接受教育。他选择一边工作一边学习，他通过蹭课的方式继续自己的学习。那个时候，乔布斯过得非常艰辛，住在朋友宿舍的地板上，通过捡可乐瓶卖钱获得食物。

　　在这个过程中，乔布斯学到了有衬线体和无衬线体字体，他学会了怎么样在不同的字母组合之中改变空格的长度，以及如何做出漂亮的版式。当时这些东西好像都没有什么会在他生命中实际应用的可能。但是十年之后，当他在设计第一台苹果电脑的时候，它们就回归到他身边。他把当时他学的那些东西全都设计进了苹果电脑，于是苹果电脑就成了世界上第一台拥有印刷字体的电脑。

从乔布斯的语言中，可以看出他对这段经历是感到多么骄傲和自豪。当时乔布斯已经困难到连果腹都做不到了，可他仍然没有放弃学习。当时，他可以完全放弃学习，把所有的时间都用在挣钱上，这样他的生活质量可以得到很大的提高，日子完全不用过得那么艰辛，但是他没有，正是这段经历，让乔布斯成了伟大的乔布斯。

因为乔布斯那个时候就明白，自己想获得的绝对不仅仅是那点足够吃饱饭的工资，所以就算是在自己最难的时候，也没有放弃过对学习的投入。多年以后，乔布斯回首往事，发现成就自己的就是那段虽然很苦但是依然没有放弃对学习投入的日子。当然，他的收获也是让人惊叹的，学习的投入给他带来的资产比他一开始想象的还要多。

如果说，在这个时代什么投资是最好的，那肯定是学习。对学习投入越多，你将收获的也越多。为什么现在的教育行业如此火热，因为事实就是你的学习投入直接和你的收入挂钩。现在社会对学历的重视，就是我们需要对学习投入最好的证明。我们所掌握的知识和技术就是我们进入社会最初的资产，如果我们对知识和技术不断精进，我们的资产也会不断上升。

当然，这里的学习不仅仅指学生时代的学习，还指的是终身学习。我们花费时间和精力投入学习的过程，其实就是一个投资的过程。当然这个过程可能会比一般投资的过程要长一点，它也许不能马上见效，但是它绝对会对得起我们的投入。

很多时候，我们总是耐不住自己的性子，总是渴望自己对学习的投入很快变现，但是这是不符合规律的。根据相关研究，那些通过学习获得成功的人的成就往往表现为指数型增长，这又叫作成长的复利曲线。

什么是复利呢，它是一个经济学的概念。简单来说就是你做的事件 A 形成了结果 B，而结果 B 又会反过来加强 A，这个过程不断循环往复，就会导致最后结果不断扩大。这和我们说的滚雪球的意思很相似。

持续学习是一件具有复利效应的事情，可能在刚开的很长一段时间内，我们都看不到自己有任何成就，甚至觉得尽管自己已经付出很多，却还在原地踏步，但是量变成就质变。当我们的量积累到一个点的时候，我们会发现自己好像突然就突破了瓶颈，自己的水平一下子就上去了。于是我们人生的拐点开始出现，我们的资产呈现指数级攀升。

前段时间，28 岁的程序员郭宇实现财富自由后，他宣布从字节跳动退休的新闻上了微博热搜，退休之后的郭宇选择定居日本，每天的生活就是游山玩水，享受自然，享受美食。他退休之后的美好生活让所有人羡慕到眼红，同时，大家也有一个疑问，这么年轻的一个人，他到底是怎样实现财富自由的呢?

通过他的大学同学人们才了解到，郭宇在大学的时候酷爱读书。其实，郭宇在高中的时候就已经写了将近 60 万字的杂文。不仅如此，他的本科专业是行政管理，但是他自学了编程。主动帮学校的社团做 WordPress 的主页和帮助学校教务系统重新改版。在2013 至 2014 年，他在 GitHub（世界上最大的代码托管平台）上的活跃度是中文区前 5。那个时候，他已经对学习投入很多了，但是依然没有看见特别可观的回报。最后郭宇在自己代码的技术已经炉火纯青的时候，加入了字节跳动。几年过去，郭宇对学习投入的产出终于从量变达到了质变，实现了复利效应，实现了财富自由。在他工作最忙的时候，他日语还考下了 N1。从字节跳动退休之后，他并没有放弃学习，开始从事自己的写作事业，同时对投资也开始有所涉猎。

因为郭宇是较早加入字节跳动的，所以还是要承认他实现财富自由也有一定的运气成分，但是不得不承认，真正让他实现财富自由的是他自己对学习的投入，正是这种投入，最后变成了他可以毫无顾忌提前退休的资本。

所以我们一定要等，一定要忍，一定要把对学习的投入坚持下去，我们多学一点，得到的隐形资产就多一点。那么，如何坚持长期、稳定、持续地对学习的投入呢？

**一、具体场景化任务**

在准备长期学习一项知识之前，我们可以给自己设计一个具体的场景。一旦我们进入这个场景，我们就立即开始执行学习任务。比如我们准备看一些关于心理学的书，我们给自己的学习任务是每天看 10 页书，那么我们就可以把这项任务具体化为每天晚上 10 点开始在书桌前看 10 页书。这一句话里面有三个具体的命令，第一个命令就是时间晚上 10 点，第二个命令是地点家里书桌前，第三个是事件命令看 10 页书。这个三个命令放到一起就会非常具体，我们的大脑就会对命令十分清晰，所以当我们晚上 10 点坐在书桌前的时候，我们就会开始执行任务，当这种场景化任务做的次数多了之后，那么就算不是晚上 10 点，我们也会有读书的欲望。

### 二、环境的因素很重要

我们一定要多接触一些自律性比较强的人，或者说与有良好上进心、强烈学习欲望的人多接触。因为我们和他们接触的较多，我们身边环绕的信息就是他们今天又取得了什么进步。他们的某些行为会对你的心理形成一种正向暗示。那就是如果我像他们一样自律，我也可以取得像他们那样的成就。同时，人都会有好胜心，越和那些优秀的人接触，我们就越能感到自己和他们的差距，就会激发我们学习的斗志。

### 三、降低目标门槛

如果我们给自己的目标是每天听慕课上的金融相关课程一个小时，那么我们几乎连一周都坚持不了。甚至于在每次打开慕课的时候，我们就会觉得很累，因为知道自己要看够一个小时。我们不能要求自己一下子就进入状态，所以我们可以把最初的目标变成 20

分钟，甚至是 10 分钟。那么这个目标你大概率会长久地坚持下去，因为对你来说，10 分钟太短暂了。所以你会没有任何负担地就进入学习的状态。当你听的课越多，对金融越感兴趣之后，你会不自觉地就加长了听课的时间。

永远牢记，对待学习，我们的不断投入，就是在不断获得。对学习的投入，就是我们获得资本的源泉。

# 要强调优势，让优势更优

娱乐圈著名的经纪人杨天真在一次公开演讲中讲了这样一件事，她说，她面试一个人的时间一般在半个小时左右，她面试到十分钟左右的时候，通常都会问对方同一个问题："你认为你最大的优点是什么？"有一次，她面试到了一个非常帅气的男孩子。在交谈中，杨天真同样问到了这个男孩儿这个问题："你最大的优点是什么？"男孩儿说勤奋。就是因为这个回答，杨天真最后没有录用他。

杨天真解释这样做的原因是，在她看来，非常显而易见，男孩最大的优点就是长得帅。他都没有清楚地认识到这一点，自然就更没有意识把他的这种优点运用到自己的工作中。在短时间内，自己能感知到男孩的帅气，但是他的勤奋杨天真说自己感知不出来。因为男孩说出的优点和杨天真通过和对方谈话得出的认知不一致，那么杨天真认为自己有理由怀疑这个人要么不了解自己，要么不敢表达自己的优点。而她是不会接受一个弄不清自己优势的人的。

其实，在我们的现实生活中，有一部分人都和杨天真故事里的那个男孩有点相似。出于一种谦虚的心态而羞于表达自己的优势，但是如果你连你的优势都没有勇气说出来，就会让对方觉得你很假，也会怀疑你对自己的认知是不是都不清楚，认为你不能把自己最大的优势发挥出来。所以如果在平常生活中，你可以因为谦虚而羞于表达自己的优点，但是在面试的时候，尤其是在面试和自己的优势存在相关性的工作的时候，一定要大胆而真实地表达出自己的优势。因为那个时候，你的优势就是你的资源，就是它发挥最大效益的时候。它也是让我们区别于别人的存在，这个时候不说，还要等到什么时候说呢？

还有一部分人确实是对自己的认知不清楚。根本就不知道自己的优势在哪里，甚至怀疑自己到底有没有优势。其实，我想告诉大家，多多少少，每个人都会有自己的一些优势。用不着怀疑自己。我们都是当局者迷罢了。

我们自己想不明白的时候，可以选择自己身边的不同时期交的一些朋友，问问他们觉得自己的优点是什么，他们为什么选择和你做朋友？如果选出三个形容词来形容自己，他们会选哪三个形容词？在问他们这些问题的时候，不用不好意思，这只是你认知自己的一种方法。真正的朋友不会因为这几个问题嘲笑你的。要注意的是，在问他们三个问题之前，一定要严肃地告诉他们，这三个问题对自己来说很重要，希望他们能够严肃而郑重地回答。这样他们就会对你的问题重视起来，得到的答案也更加接近真实情况。

在得到三个问题的回答之后，将好友的回答进行统计，选出三到四个共同点。那就是你的优势。如果觉得这个方法太主观，那就可以结合一些专业测试个人优势或者性格优势特点的工具来进一步帮助自己了解自己存在的优势，比如盖洛普测试工具、MBIT 职业性格测试。

找到自己的优势很重要，但是让自己的优势更优更重要。通过让自己的优势达到更优，直至精通，达到世界大师水平的，郎朗算是其中一个。

郎朗的钢琴水平不仅仅在中国首屈一指，在世界上也是享誉盛名。为什么？因为郎朗把擅长弹钢琴这个优势发挥到了极致。他做的不仅仅是擅长，而是精通。为了让自己的优势更加突出，朗朗从 3 岁开始每天就要坚持练琴两个小时。在 7 岁之后，更是提升为每天 6 个小时。在节假日的时候，练习的时间更长。有一次郎朗跟着他爸爸去舅妈家玩，在郎朗玩得正开心的时候，郎朗爸爸提醒他该练习弹琴了。但是舅妈说自己家没有钢琴。郎朗听完后，竟然在地板上练起了指法。后来就算是郎朗出名之后，在全世界各地飞行演出的时候，日程排得相当满的情况下，郎朗还是会从中抽出两个小时来练习。在一次采访中，郎朗对记者说："每天必须保证两小时的练习时间，不练就等于慢性自杀。"

畅销书《异类》的作者格拉德威尔曾说："人们眼中的天才之所以卓越非凡，并非天资高人一等，而是付出了持续不断的努力。

只要经过一万小时的锤炼，任何人都能从平凡变成超凡。"按照我们每天练习 8 小时来算，那么达到一万个小时，我们需要用五年。但是为什么很多人在工作岗位上工作了五年，本应该成为业内精英的他们，还是业绩平平，没有任何长进？

很简单，因为一万小时定律里的一万个小时是有质量的一万小时，是进行刻意练习的一万小时。比时间长度更重要的是时间的质量。

如果我们每天只是待在自己的舒适区，慢慢消磨时间，没有对自己的优势进行刻意练习，那么就算两万小时，我们也不会有任何长进。

什么是刻意练习呢？刻意练习就是指在学习的过程中"积极触达"和"有效重复"。我们可以把刻意练习的过程分为三道程序。

### 第一道程序：编码

当我们开始学习的时候，我们首先要理解，自己在学习的东西是什么，有什么样的用处？以及在学习这个知识点的时候，是不是有什么顺序是需要特别注意的？比如在我们学开车的时候，我们就需要按照教练教给我们开车的一些步骤循序记下来，按照第一步先调试座椅和反光镜，第二步系安全带，第三步确保挡位放在空挡，手刹拉到最高，第四步插入钥匙转动到底，发动机启动再松手等这样的顺序在心里进行编码，从而形成最基本的感知和记忆。

　　　　　　　　　　　　　破局：全面提升你的竞争力

### 第二道程序：巩固

所谓的巩固就是反复地记忆、思考、练习，不断地重复，然后将短期记忆逐渐变成长期记忆。还是拿学开车这件事举例，我们不断地进行记忆、思考、练习，我们的大脑会形成稳定的神经模式，可以让我们不费力地理性思考就能够下意识地做出直觉反应。其实，这道程序就是让我们的优势更优的最关键的一步，也是我们要刻意练习的重点。

### 第三道程序：关联与检索

我们还要注重在经过反复巩固练习的基础上把我们学到的知识运用到现实生活中，在我们学习其他新的知识的时候思考能不能利用我们在练习中得到的一些方法或者是一些技巧和启发。我们在大脑中关联检索的越多，我们就越能把自己的优势行为内化，从而实现能力的提高。

比如还是在学习开车的时候，尽管我们直线行驶已经很成功了，但是由于我们的方向盘总是打得太早了，所以在练习倒车入库的时候总是不能成功。经过自我的思考和教练的指正，我们明白是因为自己太心急了，所以把握不好时机。那么当在后面的生活中，每当我们在倒车入库的时候，总是会联想我们以前失败的时候，然后检索出我们总结出来的经验，最后做出正确的行为，进一步优化我们学车这个技能，从而达到让优势更优的目的。

# 学习比人脉更重要

　　我在自己的大学时代也曾经一度纠结于学习和人际关系哪个重要，当时身边的很多同学都告诉我，在大学要多交朋友，那些都是以后的人脉。于是，不太合群的我也学着他们的样子，翘课也要参加一个同学组织的聚餐，抽出学习的时间去参加自己内心极为抵触的社团和学生会，为了融入他们，买一些自己并不需要的东西，为了显示自己和他们是一个团体，就算即将考试，也会陪他们打一夜游戏。像这样，为了建立所谓的人脉关系，我牺牲了很多学习的时间，成绩不断下跌，感觉自己越来越不快乐，越来越迷茫。终于在学生会会长又一次要组织毫无意义的聚餐的时候，我拒绝了。在拒绝的那一瞬间，我告诉我自己，什么狗屁人脉，我不要了。我厌倦了那些喋喋不休，我厌倦了那种毫无意义的忙碌。终于，我退出所有社团和学生会，摆脱所有那种功利性地追求人脉关系的行为，我的心情终于又回归了平静，我又开始了一心一意的学习，最后倒是在学习的过程中，遇到很多志同道合的朋友，真正在毕业后还有联系的也是这些朋友。

毕业多年之后，再回头看那段时光，我为自己荒诞地追求人脉关系的行为感到搞笑。我想，当时自己一定是中了"人脉重要"的毒。我真的很感谢自己做出回归自己、回归学习的那个决定。如果不是当初那一瞬间的勇敢和清醒，我觉得我的大学会失去更多有意义的时光，甚至于我的人生多多少少都会受到一些影响。

当真正进入社会工作多年之后，才发觉一个人会因为知识储备的提升而成长得越高，能接触到的人的素质就会越高。如果一个人的水平不行，只凭投机钻营或者靠社交技巧来搞人际关系，通常也不会稳定持久。在知识储备上的短板会对他的各方面包括人际关系造成影响。决定一个人习惯优劣的根本因素，是你自身具备的价值和资源。

李笑来在《和时间做朋友》中曾经讲了这样一个故事。幼儿园里有一个叫作小强的男孩，他有很多的玩具。李笑来问小强谁是小强真正的朋友，小强回答说只有两个，一个是男孩，一个是女孩。李笑来问小强把那个男孩和女孩当作朋友的原因是什么，小强立刻回答说，因为那个男孩从来不抢自己的玩具，他都是跟自己换玩具；那个女孩长得好看，所以会把自己的新玩具给她玩。李笑来又问小强那个女孩是否觉得小强好看呢，小强愣了一下，说自己不知道，李笑来看着女孩手中的玩具问小强那是不是他的玩具，小强说不是他的，之后就走开了。

其实，在幼儿园拥有很多玩具的小强就像在这个世界上掌握很多资源的少数人。我们大多数人都想和那些少数人做朋友。但是那些少数人是怎么看待我们大多数的普通人呢？我们可以看到小强在说男孩是自己真正朋友的原因是那个男孩和他"换"玩具。强者的观点和小强一样，他们同样喜欢公平地交换。

但是小强没有意识到的是，其他孩子并没有跟他一样拥有很多玩具，所以他们并没有跟小强进行公平交换的机会与能力。对小强来说，不公平的交换，就等于"抢"，没有人喜欢被"抢"。同时，小强也有自己想要却不能拥有的——那个女孩的喜欢。小强为了得到女孩的喜欢同样采取了交换的行为，把自己的玩具给女孩玩以期获得女孩的喜欢。

这和那些少数人对待想要从自己身上得到一些资源，却拿不出他们的资源跟自己进行交换的大多数普通人的观点是一样的。在他们眼中，那就是"抢夺"的行为。

所以不管大家愿不愿意承认，那些拥有多数资源的少数人所谓的友谊就是交换关系。如果我们没有同样的资源去和那些少数人进行资源的交换，那么我们就是索取方，对方必然会认为我们是他们的负担。就算我们占了对方一次便宜，在我们沾沾自喜、感叹人脉的力量的时候，那些少数人早就把我们在心里拉黑，我们和他们之间的友谊也就走到了尽头。

再转换一下视角，从我们这些普通人自己的视角出发，如果是很久不联系的同学，而且学生时代的关系也不怎么样，突然联系

　　　　　　　　　　破局：全面提升你的竞争力

你，问你借一大笔钱，说自己要创业。你会怎么想？在借钱同学的眼中，你是他的人脉，但是在我们眼中，我们觉得自己跟他不熟啊，为什么要管我们借钱呢？借得少也就算了，还借这么多？我们有理由怀疑他是不是进了传销组织。我想，也许我们最终会借给他钱，但肯定不会借很多，而且借出去之后，我们也不指望他还，只是希望以后不要再跟他有交集了。

所以，手中掌握资源比较多的人，更有可能与其他拥有更多资源或者同等资源的人去进行公平的交换。人脉是在双方都拥有可以交换的资源的基础下发生的。越是优秀的人越不主动追求人脉，因为人脉的发生是在自己变优秀，拥有可以交换的资源之后水到渠成可以拥有的东西。

事实上，越优秀的人，资源越富饶的人，越不愿意浪费别人的时间，越不容易去向别人寻求帮助，除非自己可以给对方带来相同的价值。因为他们清楚在那些资源比他们更富饶的人眼里，自己是什么角色。他们比没有资源的人更清楚要遵守公平交换的原则。

是的，不可能每个人一出生就有金钱、地位的加持。这些资源有的时候是要靠运气才能拥有的，我们不能在短时间内得到，但是有些资源确实可以靠我们自己从零开始积累的，那就是我们自身的学识与才华。其实，积累自己的学识与才华，并没有我们想象的那么艰难，只要你肯静下心，真正地行动起来，一旦你开启心智之后，或者说形成适合自己的学习方法之后，你的进步是飞快的。现在的社会，信息的共享程度已经达到了一个前所未有的高度，只要我们愿意去深入学习，我们就能提高我们的知识与才华。我们形成知识与才华的过程也是我们资源积累的过程。

如果有一天，我们凭借自己的努力，成为一个领域的专家，那么我们就会惊喜地发现，真正意义上的有价值的所谓高效的人脉居然会破门而入。那个时候，你所拥有的人脉会来自各种因缘巧合，根本用不着你去刻意追求。甚至，当你在你的领域或者某一方面取得的成就很高的时候，自己还会获得意想不到的帮助，那些帮助来自你以前想都不敢想的那群人。

我们大多数都是普通人，双手空空的我们不能期待那些拥有资源的人会无偿给帮助我们，别指望他们的善意，他们没有义务，我们也没有资格。我们要把全部的精力放在我们能够主动控制和提高的地方，专心做可以提升自己的事情，学习更多更好的技能，成为一个值得交往的人。在自己没有优秀之前，不要动用任何精力去追求那些虚无缥缈的人脉。这是我们普通人最理智的行为。

破局：全面提升你的竞争力

# 另一种优势：自知之明

　　前段时间，因为 B 站的恶搞视频而突然火起来的马保国，面对突如其来的爆火，他在 2020 年 11 月 15 日回应"屡遭恶搞剪辑"事件："远离武林，已回归平静生活"。但是，在各种调侃的声音中，他真的以为他靠自己的三脚猫功夫火了。所以 2020 年 11 月 16 日，他宣布他会参演电影《少年功夫王》。殊不知，观众们都知道他就是一个江湖骗子，都拿他当跳梁小丑一样的笑话看。在他还幻想着自己马上就要成为功夫明星的时候，人民日报客户端的一篇《马保国闹剧，该立刻收场了》的评论，让没有自知之明的他终于可以梦醒了。没过多久，笑话一样的马保国就淡出了人们的视野。

　　与马保国形成鲜明对比的是同时间因为一段短视频火起来的四川甘孜理塘的康巴汉子丁真。在丁真一夜之间成为顶流之后，很多网红公司便开始蜂拥而至，打印好极具诱惑力的合约飞往四川丁真的家乡。不仅如此，《创造营 2021》以及《明日之子》等无数选秀节目也都想要"抢"丁真，让丁真参加选秀。丁真只要参加，他立刻就会获得一大笔可观的收入。但是，在当地眼光比较长远的人的帮助下，丁真意识到了别人都会讲漂亮的汉语、英语、法语，别人会弹吉他、弹钢琴，而他只会放牛。他去参加选秀根本就是让别人看笑话。所以丁真最后签约的是他的家乡理塘县的博物馆（国企），待遇是3500的固定工资加五险一金。丁真最后成了理塘的旅游大使，连外交部发言人华春莹也在推特上为丁真应援。直到现在，丁真都还活跃在人们的视线中。

同样在偶然情况下爆火起来的两人，为何结局相差这么大？因为丁真有一个巨大的优势，是马保国没有的，那就是自知之明。

在希腊阿波罗神庙的柱子上，刻着一句："人啊，认识你自己。"三千年过去了，这个问题依然是个问题，古人云，人贵有自知之明。比识人更难的是识己！古往今来，太多的人都败在自知上面了。

事实上，自知之明不是每个人都可以做到的，它也不是每个人在每个阶段都可以做到的。在任何时候，它都是一种优势。一个人对自己的认知越清楚，他的行动方向就会越明确，他的目标达成率往往会比那些没有自知之明的人高得多。拥有自知之明，是每个人都要完成的人生任务。

在埃里克森看来，自知之明是建立在自我认同的基础上的，而这种自我认同并不是一种简单的经验"累加"，而是"整合"。就是在我们经历了不同的事情，结识了不同的人之后，我们的内心形成

　　　　　　　　破局：全面提升你的竞争力

的那些一以贯之的价值或信念。当然，这个价值和信念是动态变化的，因为人生的每个阶段我们经历的事情变化是比较大的。每个阶段的价值或信念都是我们对自己的定义，它将会影响我们后面无数的人生选择。所以对自己有清楚的认知当然算是一种巨大的优势。

心理学家玛西娅把探索自我的过程，根据"探索"与"承诺"两个维度划分成了四种不同的状态。

第一种状态是早闭，处在这个状态的人通常已经获得一个较为稳定的自我认知，但是值得强调的是他的这种认知并不是基于自身的探索与尝试。而是基于他人，尤其是他的父母。这类人最大的特点就是对权威的绝对服从和尊敬。处于这个探索状态的人，由于父母把他们保护得很好，所以他的人生并没有经历过很多生活的危机，所以他会在高估自己能力的基础上，确立未来的规划，产生一种对未来规划比较高的自我承诺。但是这种自我承诺非常脆弱。

第二种状态是混乱，处于这个认知状态的人，他们并不了解自己，也不会主动对自己进行探索，更不清楚自己的未来规划，所以这类人对未来向上发展的承诺就会比较低。走一步看一步往往是他们的选择，他们在混沌状态中待久了，甚至还会做出与他们的能力截然相反的选择。

第三种状态是延缓，处于延缓认知状态的人，就是正在积极对自己进行深度探索的人，但是他们对自己没有明确的答案，所以对于未来他们的期许和承诺也就比较低。他们常常处于一种迷茫和焦虑的状态。他们能够感受到自己正处于危机之中，如果自己付出更多努力，就会对自己的能力和未来有一个清楚的认知。

第四种状态是达成，处于这个认知状态的人往往都经历了很多现实生活中的危机，所以他们大多都完成了对自我的一个较为深度的探索，在经过危机的洗礼之后，他们对自己认知往往更深刻、更清晰。他们会对自己未来的努力方向很坚定，对未来自己的发展也会形成一个较高的承诺。这类人最大的特点就是他们的认知和信念是清晰明确的，自我承诺实现情况较好。

大家可以判断一下，自己现在处于哪种认知状态，对自己的认知状态有了一定判断之后，我们可以通过以下方面来提高对自我的认知。

### 一、认清自己的先天条件

很多时候，我们的先天条件就决定了我们走有些道路是比较容易成功的，但是有些道路却注定要比其他人更费力。比如专业的篮球运动员，这项职业它就是对身高有要求的，如果在我们的身高和专业篮球运动员差很多的情况下，我们还把成为专业篮球运动员当作自己的职业追求，那么多少是有点不合适的。所以如果我们的先天条件不合适某个领域，那么就算我们再努力，也很难实现我们的目标。所以对自己的先天条件一定要有一个充分的认识。这里所说的先天条件包括你的性别、身高、相貌，等等。

## 二、认清自己的能力边界

这里的能力边界是指你现阶段的能力边界，你要根据你现阶段的能力边界来选择你要做的事情。比如现阶段的你能够轻松举起100斤的麻袋。现在有一个挑战是如果你能举起600斤的麻袋就给你2万块钱，你会接受这个挑战吗？对于一个体能普通的人，绝对会选择放弃。因为600斤的麻袋已经超过一个普通人能够举起的极限了，远远超过了我们的承受能力。所以就算奖励变成100万，我们也不应该接受挑战。举麻袋这个例子大家都知道该怎么选择。但是在现实生活中，很多家庭不是十分优渥，也没有特殊关系，自己几乎也没有任何实习经历和工作经验的刚毕业的大学生，却选择走上借钱创业的道路。选择创业本身没有什么错，但是如果对行业没有充分的了解，就一个猛子扎下去创业，那是十分不明智的表现，也是对自己当时的能力边界认识不到位的表现。

## 三、清楚自己所处的环境

看清自己本身很重要，但是我们不仅仅要向内看自己，还要向外看我们的整体环境，因为人到底是群体动物。所以宏观环境在一定程度上也在决定着我们是一个什么样的人，我们目前能做的事情有哪些。要知道，自然环境可以限制你的体验和活动范围，时代环境会限制你的视野，你的成长环境会影响你的三观和行为倾向，你所处的阶层环境则会限制你的成长高度。有的时候，你毕生追求的终点，有的时候可能只是某些人的起点。

通过以上三个方面认清你自己，你就能够找到自己应该追求的梦想和应该付出的行动，还有对待这个世界的态度。我们要随时自省自问，让自知之明一直伴随着我们，久而久之，它就会变成我们的一种无形却十分实用的优势。

# 打开心智，优化自己的各种行为

我们楼下有一家打印店，店主是一个看上去只有 45 岁左右的非常有气质的阿姨。我第一次去她那里打印东西的时候，看见阿姨戴着耳麦，低着头，正在奋笔疾书。我看了一眼屏幕，好像是英语网课。见我盯着屏幕，阿姨连忙摘下耳麦，笑意盈盈地解释说自己正在学习英语，边说还边打开电脑桌面上的微信让我登录传文件打印。我传过去之后，跟阿姨说了一下自己的打印要求。我原本想步骤太麻烦，后面可能还需要我自己来。但是没想到，阿姨操作电脑的技能比我还要熟练许多。

在后面与她的交谈中，我才知道，她已经 59 岁，是两个孩子的奶奶了。迫于家庭情况，她上完小学之后就辍学了，她很遗憾。虽然辍学之后，也在尽可能地保持学习，但是迫于现实，她学习的知识很零散，也很有限。现在生活好起来了，有条件了，她终于可以好好学习了。她说自己虽然上了年纪，但是觉得闲着也是没事干，就开始学习。从网上学到了不少东西，她觉得很实用，也很有意思。现在，为了更好地辅导自己的孙子和孙女的英语，她就先学习一下。

在我走的时候，她跟我说，以后打印资料可以不要钱，但是希望我能多过来跟她聊聊天，她最后说："我很喜欢跟你们这些年轻人聊天，跟你们聊天我能学到不少东西。"看着神采奕奕、满目都是笑意的这位阿姨，我重重点头。

走出打印店，没走几步，我转身回望过去，站定，当时我就在我心里告诉自己，如果我老了，我能有这位阿姨三分之一的状态就该感到知足。

跟她聊天，我感觉十分享受，她的那种精神矍铄的神态，她的那种发自内心的充实与满足，她的那种干劲十足的状态都让我觉得岁月一点都不无情，只要你愿意，它就是温柔的，它会带给你无穷的魅力。

反观我们现在的很多年轻人，基本上大学毕业之后，就极少有主动学习的意识了，就算是学习，也是因为被工作所迫。但是这位阿姨不一样，她身上所有的魅力都是她终身成长的心智模式赋予她的。

对这位阿姨来说，她的心智模式一直是开放的，学习和向上应该是持续一生的状态。她是从苦日子熬过来的，现在过上好日子了，她并没有陷入舒服的安逸之中，她没有满足于自己当下生活的圆满，她一直在追逐她觉得更有意思的东西。所以她没有向其他老年人一样，总是感叹社会发展太快，纠结于婆媳关系，或者感觉和年轻人说不上话。虽然是快 60 岁的年纪，但是从她身上，完全感受不到垂垂老矣，反而给人一种生机勃勃的感觉。

"终身成长"的心智模式的内核是一种成长型开放型的心智模式，拥有这种心智模式的人，相信自己可以通过投入热情、教育、努力和坚持来发展自己的品质和才能，每个人都能通过实践和体验得到改变和成长。他们不在乎自己是否看起来聪明，他们只关注自己能不能从中学到东西，自己的能力会不会变得更强，自己能不能继续成长。

想要拥有"终身成长"的模式，我们就要保持空杯心态。空杯心态属于心理学概念，它是指做事情的前提是要有好心态。如果想要学到更多的学问，就要先把自己想象成一个空着的杯子，清空自己的内心，去接纳新的事物。

著名现当代作家汪曾祺老师很喜欢和劳动人民交流，他在跟劳动人民交谈时，总是十分有耐心。按道理说，一个从事脑力劳动，一个从事体力劳动，二者可以交谈的内容并不多，但是汪曾祺老师却十分享受和劳动人民的交流。尽管他在写作上已经取得了很大的成就，但是他觉得自己就是普通人中的一员。有一次，他听见一个饲养员批评一个有点英雄主义的组长："一个人再能干，当不了四堵墙，旗杆再高，还得两块石头夹着。"汪曾祺老师高兴了好半天，他觉得这是很好的语言。他在《汪曾祺散文》中说，自己的作品之所以还有人看，大概就是自己经常向劳动人民学习，语言虽然是艺术，但是最好的艺术却在最普通的劳动人民群众中。我想汪老先生的作品之所以经久不衰，在很大程度上得益于汪老先生在写作上的这种空杯心态吧。

当然，"终身成长"的开放成长型心智不仅仅需要我们保持空杯心态，还需要我们时常进行反思和自我纠错。可以让我们真正成长的，是我们经过自我反思之后真正掌握的东西。因为一旦我们开始反思，那就意味着我们开启了对自身的批判性思考。如果我们养成习惯性的反思行为，那么我们的独立意识就会越来越强，同时我们摆脱无知的可能性也就越来越大。我们反思的过程，也是我们打开心智，让认知升级的过程。我们反思的深度决定了我们的认知高度。

我们在反思的过程中，要意识到痛苦是认知升级的必经之路。因为打破自己原有的认知，会让我们十分没有安全感，因为有些可知的东西变为未知，而我们往往是畏惧未知的。在我们人类的长期进化中，我们的大脑也一直遵循着"最小阻力定律"——哪条路径阻力最小，就走哪条路径，这样就形成了一种保护机制。但是我们建立成长型心智，必须要打破这种保护机制。

就像在学生时期，有些学霸就特别看重整理错题，他们有时花费在整理错题、反思错题的时间甚至会超过他们学习新知识的时间。他们反思得越多，他们取得的进步也就越大。虽然分数对他们来说，也很重要，但是他们更在乎的是自己在测试中到底犯了什么错误，以及自己到底该怎样改正。但是一般的学生在考试之后，会十分关注自己的分数，错题听老师讲明白就行了，自己绝对不会费劲去思考自己为什么会犯错，以及题目背后考的到底是什么。

反思虽然痛苦，但是它带给我们的价值和我们的痛苦是成正比的。在生活中，我们要意识到那痛苦背后的深意。所以直面反思的痛苦，就是我们打开心智、重塑自我、意识觉醒的过程。当你感觉痛的时候，那就对了。

# 第四章

# 团队逻辑：

## 与你的团队互相成就

# 人在工作中要有团队精神

刚开始工作的前两年，因为年轻，所以我的干劲很足，再加上当时自己不成熟，好胜心也很强，所以想要在领导面前表现的欲望也很强。但是由于大领导比较忙，所以能够让我表现的机会并不多。

终于有一天，上级领导接到任务说，我们小组要做一个非常重要的项目策划，一个星期后大领导会直接来听我们的汇报。我当时就想，我终于要熬出头啦。于是我把我负责的那部分做得非常漂亮，因为时间比较紧，任务量又大，所以在做自己那部分的时候，就没有跟同事好好协调沟通。一心想着一定要把自己的这部分弄得非常漂亮，让大领导对我眼前一亮。所以在其他同事请求帮忙或者和我沟通时，我显得非常不积极，甚至都有点不配合。

我们组是在向领导展示的前一天晚上才把每个人负责的部分整合到一起的。直属领导看完了整合之后的文档和PPT，就说明天的展示悬了，但是现在改已经来不及了，死马当作活马医吧。我当时想的却是一定是因为别人太差了，自己明天发挥正常水平就行。

等到真正向大领导展示的时候，还没有轮到我展示，大领导就表示可以结束了。他丢下一句"这是他近年来看到过的最差劲的项目策划"，就转身离开了。

后来，我们的直属领导告诉我们，这个项目大领导分给别的组了，今年我们所有人的涨薪升职可以不用想了。同时，大领导指出我们最大的问题就是整个项目策划没有任何逻辑，零零散散，每个人负责那部分的内容和下一个人负责的那部分内容，完全出现了断层。他甚至觉得像是临时拼凑出来的。

发生这件事之后，我突然意识到，这个项目策划是一个整体的任务，就算我把我的那部分做得再漂亮，但是如果没有配合整体，那我的那部分反而成了突兀和多余的。当整体都失去了意义的时候，我负责的那一小部分又有什么意义呢？

就是经过这件事，我才明白，我的思想真的太简单，职场的竞合关系，我只做到了竞，根本没有想过合。因为我一个人缺少团队精神的行为，导致我们整个组的努力都打了水漂。当时连我自己都讨厌我自己。

所谓团队精神，简单来说就是大局意识、协作精神和服务精神的集中体现团队精神。很多人会把团队精神和群体关系弄混淆，其实，这两者之间是不同的概念。简单来说，团队精神重点在团队，它一般是在某种制度下形成的，是一种被公开的群体。在公司架构下，群体关系一般都是员工自发形成的，成员关系更为私密和亲密。所以不是群体关系越好，团队精神就越强，有的时候，公司的小群体越多，反而不利于团队精神的发挥。而且，提到团体精神，我们就会联想到团队成员的自我牺牲。其实相反，挥洒汗水、表现特长更能保证团队完成共同的任务目标。

在年轻的时候，我们都很容易自大，觉得自己是一个很厉害的人，跟团队里的人合作有的时候我们会感觉比自己一个人工作还累，因为觉得处理人际关系很麻烦，也觉得有些人的能力很差劲，对自己来说就是一个累赘。其实，那个时候，我们只是还没有找对和自己团队合作的方法而已。在我们最初进入社会的时候，如果我们的能力没有强到可以让公司上下所有人都包容你的任性的话，那么我们多多少少都需要遵守公司内整体制定出来的规则。

这里的规则不一定是明文规定，还有那些不言自明的潜规则。如果一个人在公司中太孤僻，只顾自己，不顾整个团队，那么就算你工作能力很突出，你可能也会被大家判断为不受欢迎的人，就算你不在乎大家对你的评价，那么领导呢？领导不会因为一个稍有能力的人，而为你重新组建一个专门的团队。

而且，当我们的职务在公司上升到一定高度，我们就越能发现现在很多的工作都是复合性的，所以现实中我们根本就避免不了要与别人合作。我们所处的位置也决定了我们不能事事都亲自解决，我们要提升我们的领导力就要先提升我们整合团队的能力。我们要承认我们的精力有限，只有团队整体得利的时候，我们个人才能得

　　　　　　　　　　　　　破局：全面提升你的竞争力

利。所以无论在什么时候，我们都要先树立一种团队精神。

那么我们具体怎么做才算是具有团队精神呢？我们表现出什么行为才能使领导和团队同事能够注意并接受我们的善意呢？

### 一、谦虚为上，避免个人英雄主义

我们要承认一个事实，那就是没有完美的个人，但是有完美的团队。就算我们有能力也不能过度自傲。在学校的时候我们就曾感觉到，过度自傲的一些行为会引起周围人的反感，在社会上更是，在学校时候，同学之间的包容性还是很强的，但是在职场上，一个人过度自傲就是在自毁前程。就算能力再强，个人英雄主义也不可取。越有能力，越要谦虚，因为这个世界就是人外有人，天外有天。谦虚也是一种能力，这种能力来自对自己炫耀欲望的控制。你可以高调做事，但是一定要谦虚做人。谦虚的人更容易被团队的同事认为你是没有攻击性的，是善意的。

### 二、有效沟通是法宝

很多时候，人与人之间的隔阂和误会都是因为缺乏沟通引起的，良好而有效的沟通会提高团队成员之间的协作效率。所以完成团队任务的时候，我们一定不要闷头做自己的，一定要多和团队成员进行沟通，否则，你很容易出现跟整个团体大方向上的偏差，这时候，就算你做得再多，大家也不会赞同，反而会觉得你拖了整个团队的后腿。在沟通的过程中，大家会更加了解彼此，我们发力的方向也会更加一致。群策群力，集体智慧下出来的作品才会更完美。因为我们自己看不到的东西，也许我们团队其他人作为旁观者很容易就可以看到。最关键的是，沟通让人与人之间的距离拉近之后，那么工作和公司就不再是冷冰冰的了。我们觉得公司是有温度的，我们沟通中彼此进步，人际关系会更加融洽，我们会有一种归属感和成就感，这种归属感和成就感能够让我们认为自己的工作是有价值的，我们的心情也会变得更加愉悦。

### 三、承认自己的错误，摆正自己的位置

承认自己的错误是一种勇气。在团队中，有人指出你的错误，如果他指出的错误确实合理，那么我们应该感谢他。越没有能力的人，才会越在乎面子。真正有能力的人都知道，面子只是一时的，能力提高才是一世的。所以在团队中，如果有人经常点出你真实存在的错误时，我们真的要感谢这种人，因为就是因为他们的提点，我们才能真正取得进步。丢点面子算什么，那些明知我们存在错误，却还要加以恭维，捧杀我们，蓄意让我们在领导面前出丑的人，才是我们真正要远离的人。还要注意的一点是，在团队中一定要摆正自己的位置，在我们能力达不到的阶段，我们就要心甘情愿地接受别人的领导。在一个团队中，总有人做执行者。有人做领导者，在我们的能力还没有达到能够做领导者的程度的时候，我们就要摆正自己的位置，我们就要选择服从。一个团队在讨论的时候可以有多种声音，但是最终的决定必须只有一种声音。

# 掌握利人利己的双赢模式，你才能走更远

几年前，我的团队负责了公司一个很重要的项目。项目进行到关键阶段，其中一个负责核心项目的员工，总是外出抽烟或打电话，而且非常久。他的行为已经严重影响了整个项目组的进度。可是组长对他警告也不管用，临时换人也来不及。后来组长通过和他谈话了解到他在老家的母亲得了重病，看病的钱他还没有凑够，他的妻子也即将生产，很多事情都需要他拿主意，他实在是分身乏术。

组长听完之后，当机立断，把自己的钱借给了这位员工。还答应他只要完成手头的工作，就立马给他一周的带薪休假。最后这个项目顺利完成，这个员工对组长一直忠心耿耿，仅用一年的时间，就把欠组长的钱还清了。组长也因为这个项目顺利升职。最后出现了双赢的局面。

不管是在交易市场中、职场中，还是在生活中，我们都应该有

一种培育双赢的思维。因为有很多时候，惨烈的竞争带来的结果是两败俱伤。就像摩拜单车和 ofo 的价格战的结局，摩拜单车被收购，ofo 破产。

双赢思维的重点在于两方之间的合作，一定要让彼此获得价值。双赢思维其实来源于博弈论思想，其对立面就是"零和博弈"，零和博弈就是非胜即败。比如在两个快渴死的人面前只有一瓶水，抢到那瓶水的人就能活下来，收益是 1，抢不到水喝那个人就会死掉，收益是 −1，那么这场博弈的总收益就是 0。所以这就是一个零和博弈。

在竞争对双方都不利的条件下，再一味选择零和博弈就是不明智的选择了。就比如现在的内卷，我们这些基层员工越是内卷，越是相互竞争，那么我们生活得就会越艰辛。在职场中，有些工作原本没有必要加班，但是有些员工为了在老板面前表现自己，就会故意加班，而那些原本不用加班的人，为了防止老板拿自己与那些故意加班的人进行比较，所以也只能选择跟着加班。最后大家就只能一起加班，明明知道加班越多，我们的自由时间越少，但是因为所有人都陷入了竞争的怪圈，所以我们也只能被迫参与。

加班的竞争也许我们避免不了，但是除了加班，在日常的职场中，我们还有很多方面可以和同事形成双赢的模式。比如在人员的相互借调，资源的相互交换等方面。我们都是可以通过彼此之间的合作形成双赢的局面的。

不可否认，人心很复杂，而双赢模式要求双方必须要相互信

　　　　　　　　　　　　　　　　破局：全面提升你的竞争力

赖。所以在建立双赢模式之前，我们和对方一定要进行真诚且理智的沟通，在必要的时候，我们还要选择适度的退让。只有这样，最后双赢才能落地，我们双方才都能取得满意的结果。

不仅如此，为了和别人建立稳定的双赢合作模式，我们至少还需要做到以下四个方面。

### 一、了解对方的需求

我们能够和别人建立合作关系的前提，就是我们知道对方的需求是什么。举一个简单的例子，比如一个快要退休的老领导，被上级安排了一个非常重要的工作任务。此时，老领导已经没有足够的精力去全身心地投入工作了。他那个年纪只求无功无过，顺利退休。这个时候，他也明白自己的手下都在盯着自己的位置。所以他明白手下员工的需求，他就可以利用。他表明谁要是把这项工作做好，就会在退休之前，向上级推荐谁升职。为了升职手底下的人当然肯卖力干活，老领导根本不费任何心力，最后自然是皆大欢喜的结局，工作任务被顺利完成，老领导得以顺利退休，而出力最大的那个人也成功升职。所以了解对方的需求至关重要，知道对方需求，才有可能建立双赢关系。

### 二、提供更多的选择

在和别人谈合作的时候，我们不能只考虑自己，给别人一种必须这样做的感受。比如我们和同事被要求共同完成一项工作任务，但是由于我们自身能力的欠缺，所以更多的工作就需要同事来承担。这个时候，为了工作任务的顺利完成，也为了避免我们和同事之间发生矛盾，我们就应该和同事进行沟通。我们最好不要用一句"工作完成后，请你吃饭"来感谢同事，而是应该给同事更多的选择。比如我们告诉同事，为了感谢他，我们可以把自己后面的工作奖金拿出一部分补偿他的辛苦，或者给他买一份想要的礼物，再或者请他吃一顿不错的美食，三个选择任他挑选。这样的表达更好的原因是因为我们给了同事更多的选择，他更能感受到我们的诚意和我们对他的尊重。在他进行选择的时候，他的内心是满足的，因为他用他的自主权选择了最符合他心意的那个，所以他内心对我们的怨恨和埋怨自然也就消下去了。因此为了和对方建立双赢，我们还要注意要给对方更多的选择。

### 三、适当进行让步

以退为进是一种难得的智慧。就像电视剧《潜伏》中所说的那样，"有一种胜利叫撤退，有一种失败叫占领"。英国有尼利福公司经理柯尔的经营原则是："不拘泥于体面，而以双赢为先决因素。"有尼利福公司曾在非洲各地建立大量的落花生种植基地，它每年都能从非洲赚取到相当可观的利润。但是第二次世界大战结束以后，非洲掀起了规模空前的民族独立运功，有尼利福公司因此面临巨大的危机——公司的落花生种植基地被各地政府逐一没收。在与加纳政府的交涉中，柯尔实行了高明的决策，当时，他为了表明自己尊重对方利益的立场，主动提出将自己在加纳的落花生栽培基地交给当地政府。这不仅给对方留下了非常好的印象，还为自己获取了更多的利益。加纳政府因此将柯尔的公司指定为当地食用油原料买卖的总代理。在职场中也是一样，以退为进，是为了赢得更大的胜利。

### 四、建立感情账户

无论是什么交易，本质就是价值在驱动。但是价值驱动的前提就是信任，而信任背后需要的是"感情账户"。"感情账户"就像我们在银行开的账户一样，平时需要往里面存钱，也就是存储感情。

我们在和别人合作取得双赢之前，要先看看自己的"感情账户"有多少钱。如果我们都没有往里面存过钱，只想一味取钱，那根本就是不现实的。相同的道理，如果我们平时不注重与同事感情的联系，那么当我们有事情，想要对方让配合我们，与我们合作的时候是比较难实现的。就像单位有些同事，在平常的时候，根本就不和其他同事交流，在自己结婚的时候把自己的请帖发给单位里的同事们，希望别人来捧场，但是大家都觉得跟他不熟，于是都没有去。因此我们在平常和同事的相处中，我们就应该以平易近人、踏实、诚恳、靠谱的品质来取得的他们信任，和他们之间建立一种相对亲密的感情。这样，我们才能更顺利地和他们进行合作，取得双赢的结果。

# 团队是合作的舞台，而不是竞技场

　　2008 年的奥运会开幕式至今让人记忆犹新。据统计，参加开幕式表演的人数达到了 2 万多人。在 2 万多人里，又分成了很多的小组和团队。因为这 2 万多人的团结一心，所以才有了让人惊叹不已的那场开幕式。在那场举世瞩目的开幕式里，每一个参加表演的人都是主角，在表演过程中都不能出现丝毫差错。2 万多人的表演队伍，在那场开幕式里变成了一个整体，不存在任何竞技成分，有的就是大家的团结一心。正是 2 万多人齐心协力的合作，才成就了那场让所有人都过目不忘的视觉盛宴。

　　没有真正享受过合作成果的人，在很长一段时间里都会觉得团队合作是一件很虚幻的事情。但是，当我们越来越成熟，和别人打交道越来越多，我们享受过合作带来的好处之后，我们就会明白团队合作绝对是值得我们去做的事情。

　　就如我在前面文章中所说的，年轻的时候，我们总认为自己才是与众不同的那个，团队不团队什么的不重要，重要的是我们自己如何"出圈"。于是，我们忘记了没有人可以十项全能，没有人可以精力无极限，我们选择站在风口浪尖，和所有的团队成员进行竞技。等到最后失去人心，没了团队依靠的时候，我们方如大梦初醒，才明白过来团队和合作的重要性。

为什么要再次强调团队是合作的舞台，而不是竞技的场所？为什么一定要融入一个团队？很简单，因为团队带给我们的好处是显而易见的。

### 一、团队合作促进自我学习

一个人最快速的成长方式，就是融入一个团队中。在一个团队中，大家性格各异，能力水平参差不齐，但是每个人身上都有自己的闪光点和强项。因为在一个团队中，大家都会默契地认为彼此之间是有一定的纽带联系的，所以相互交流的机会更多。在跟整个团队协作的过程中，我们的沟通能力、配合能力、领导能力都可以在实践中锻炼出来。所以团队合作可以在短时间内促进我们综合能力的提升。

### 二、团队可以带给我们资源

团队作为一个互联的平台，个体可以在这个平台上链接到更多的人脉和资源，甚至可以形成合作联盟。就比如我们在起草合同的过程中，遇到了一些法律知识上的难题，这个时候我们需要寻求专业人士的帮助，而我们并没有结识相关法律人士的渠道，但是我们的团队成员却可以用一个电话帮你联系到一个专业且靠谱的律师。在团队成员的帮助下，我们省去了太多麻烦。

### 三、团队让我们更好地管理自己的个性

初进社会的时候，我们总是满身戾气，总想凸显出自己与众不同的个性。可是，在团队协作中我们会发现，团队中的每个人都有自己的个性和观点。我们甚至还会遇到跟自己有冲突的成员，但是为了整体的成功，大家都会选择用一个一致的观点对外。在我们不断地调整自己配合团队的时候，我们也慢慢变成熟了。我们清楚地知道，我们的个性并不是被磨平了，而是我们更能理智地管理自己的个性了。

如果真的遇到了氛围特别棒的团队，那么我们一定要珍惜。因为一个团队本身能够特别融洽，就足以证明领导的管理能力是非常强的，成员也都是识大体，能够彼此促进成长的优秀人才。

如果我们有幸能够遇到良好的团队，那么我们就要把我们事事都想要竞争的心放下来。摆正自己的位置，积极融入团队，把自己当成团队的协作者。同时，积极提出自己的意见和看法，关注工作项目进展，推动问题的解决。当然，也要对自己的功能负责，从自己所负责的功能出发，推动整个链路的进度，进而推动整体的进度。当我们深度参与团队项目的时候，才能发现项目并不是只有那么点东西，这时我们才能看到冰山下庞大的部分。那个时候，就是

我们在工作中成长的时候。

身处一个良好的团队，如果我们能够全心全意投入其中，我们就会发现，工作也没有那么讨厌了，上班的时间也没有那么难熬了。就像有句话说的，真正让我们感到筋疲力尽的，不是工作本身，而是工作中各种乱七八糟的人际关系。

当然，一个团队里面，合作不是我们一个人都能够完成的事情，有的时候，我们也是抱着良好的初心去的，想要和别人好好合作，顺利完成任务。但是有些人的出现一下子就扑灭了我们合作的热情。那些人在工作中没有团队精神也就算了，甚至还总想占别人的便宜，在工作中一而再，再而三地推脱，特别喜欢搭便车，把自己的工作任务都留给别人完成。面对这种情况，我们需要先调查一下，对方是不是关系户，如果是关系户，我们可以忍，但是一旦我们有能力，我们一定要马上离开这个地方，否则我们会被榨干的。这个时候，如果你的领导再按着你的头，跟你强调什么团队合作，千万不要被洗脑，谁爱合作，谁合作，在这样的团队中，合作已经没有任何意义了。如果对方不是关系户，那么千万不要怕，一定要在第一时间，就学会拒绝对方在工作中惯性搭便车的行为，千万别惯着。因为这个时候，你和对方也不是合作关系，分明就是对方在欺负你。等到领导完善团队的各种管理考核制度之后，再进行合作也不迟。

所以，遇到优秀的团队我们一定要珍惜，只要在团队中好好完成自己的工作，那个时候的你已经在发光了，真的不用刻意地怀着竞技的心态再与团队成员一争高下了。那个时候合作是最好的策略，比你同别人竞技获得的利益要多得多。如果遇到糟糕的团队，我们又不是领导层的情况下，我们也没有必要一直委屈自己，还要一味与别人进行合作，而应该保护好自己的利益，在自己有能力之后，跳出泥潭，去往更大更好的平台，遇到优秀的团队之后，再发挥自己的合作精神。

破局：全面提升你的竞争力

第五章

态度逻辑：

逃避和抱怨
会开启恶性循环

# 工作态度大于天

　　网上有一个段子形容出生在不同年代的人的不同工作态度，让很多人看到之后，都禁不住发笑。段子的内容是："'70后'没想过离职；'80后'不敢离职；'90后'老离职，因为老板不听话。"一开始的时候，大家确实是带着好玩的心态看待这句话，都没有当真。但是不知道从什么时候开始，网上充斥着职场上应该向"90后"的随心所欲看齐的风气。就连什么"主管不连我的那份一起复印了，真是不懂事啊"，这种论调竟然在现实中也大行其道。很多人好像都被洗脑了一样，在公开场合表示"这种老板求我带不起"，一言不合就裸辞。任性，受不得委屈没有错，但是在任性、自命不凡和接受不了自己受委屈之前，应该问一下，自己到底是不是有那个资本。毕竟，作为普通人，我们最终还是要生活。

　　其实，大部分的"90后"对待工作是非常敬业和认真的，但是由于网上铺天盖地的某些言论的炒作，让我们觉得"90后"似乎个

破局：全面提升你的竞争力

性到了根本没有办法控制的程度，事实上，"90 后"受到的教育程度是几代人中最高的，他们的素质，他们的胸怀，他们的格局也是在前面几代人之上。他们真的是一批很优秀的人，那些把工作当游戏的"90 后"绝对只是少数，可是一些"90 后"的人却被成功洗脑，信以为真，并且亲身实践。

还是那句话，追求自由是绝对正确的，但是也一定要认清现实。说起工作态度这四个字，许多人都会联想到要对老板毕恭毕敬，拍老板马屁这样的字眼。可是那不叫工作态度，那是赤裸裸的谄媚。这里所说的工作态度是对工作所持有的评价与行为倾向，包括工作的认真度、责任度、努力程度等。摆正我们的工作态度不是因为任何人，而是为了我们自身的发展。

为什么要强调工作态度。因为工作态度和工作能力是相辅相成的，工作态度就是你想把自己能力的边界推到多远。过去的工作态度，决定了我们现在的工作能力，我们现在的工作态度决定了我们以后的工作能力。具体什么表现才算是有一个良好的工作态度呢？

## 一、有良好的工作态度的人，雷达是开着的

我工作以后，有一个习惯，那就是不管事情大小，只要当时我没有完成，我就会立马在自己的记事本上写上，完成一项划掉一项。无论这件事多么微小，我都会记上，我坚信好记性不如烂笔头。这个习惯让我受益匪浅，因为这个习惯，让我不会忘记任何自己应该做的事情，也有了充足的时间去规划和安排各种事情，在很

大程度上降低了手忙脚乱、临时补救情况的出现。

新来的实习生助理对我破旧的记事本很好奇，他有一次跟我说，别人都是手机不离身，我是笔记本不离身，看我每天都在那个神秘的本子上写写画画，他很好奇里面到底是什么内容啊。我听完他的疑问之后，就简单向他解释了一下，对于我为什么不使用手机来记事的疑问，我回答说，有些场合，拿出笔记本比掏出手机更合适。同时，我也觉得电子产品对我诱惑力很大，打开之后，就很难关上。而且用笔记本记事，对我来说更有成就感。

我以为他只是随口一问，但是他第二天竟然也带了一个记事本，开始像我一样记事，直到后来正式入职后，他也一直保持着这个习惯。

说实话，我很欣赏这个实习生助理，因为他事事留心的工作态度。职场上，能力比较强的人，有一个共同特点，就是特别留意别人是怎么做的，什么方法能够帮助自己做得更好。他们的雷达一直在留意前沿趋势，琢磨前人经验，敏感更优方式。职场上的技能，包罗万象，动态发展，并没有一本"工具大全"可以帮助我们一劳永逸。怎么写清楚邮件，怎么管理时间，怎么活跃气氛……放眼望去，只要我们留心，都可以从别人那里学到一些技巧。职场上的方方面面，都是一本打开的书，只要我们愿意去阅读、去琢磨、去实践，我们就可以在点点滴滴中慢慢武装自己，让自己的工作变得更加高效。

破局：全面提升你的竞争力

## 二、有良好工作态度的人，擅长自学

在我的工作团队中有一个女孩是负责内容运营的。她写作流畅，排版精美，但是她使用 office 软件却不怎么熟练。有一天，我们组熬夜赶一个项目的 PPT，女孩负责的文稿部分已经完成了，但是有些汇报的图表需要在 PPT 中画出来，在展示时才能有更好的效果。因为组里当时还在准备另外一个项目，所以大家手头的任务都很多。

因为实在找不到人手来负责 PPT 中的图表，所以我只能跟那个女孩商量，求她能不能帮忙顶一下。女孩当即表示没问题。我知道她 office 用得不熟，于是对她说，有任何疑问都可以问我。她笑着说："我应该可以搞定。"

第二天一早，她就拿着做好的图表向我展示，我非常满意！我忍不住夸赞她真的太棒了，而且中间她遇到问题也没有问我，她竟然都自己解决了。

问她怎么解决的。她说就是自己利用网络资源学习了一下。一开始也觉得很麻烦，但是当自己真正开始沉下心学习的时候，学习的效率也很高，学到的内容，对于制作这些表格，绰绰有余了。

她还表示，她自己也挺开心的，看着靠自学做完的表格，她很有成就感，她在后面的时间里会继续对 office 进行深入的学习。这个女孩一年之后，就跳槽到了一个更好的公司，对方开出的筹码很高。其实，我很明白，女孩离开我们这个公司是早晚的事情，因为她太优秀了。虽然舍不得，但是我知道，她值得遇见更好的平台。

学生思维在我们脑海里根深蒂固，具体体现就是"等待投喂"思维。有的人甚至一生都不能摆脱这个思维。但是进入职场之后，基本上就没有任何人再对我们进行投喂了。我们需要自己动手，探索新知。我们自学的主动程度决定我们到底能走多远，变多强，过得多好。

### 三、有良好工作态度的人，尽力而为

我的一个李姓同事，人看上去柔柔弱弱的，说话也总是柔声细语的。不了解她的人一眼看上去，总觉得她担不起大任。可偏偏就是这样一个柔柔弱弱的小姑娘，让公司的很多男同事都自愧不如。让这位李同事一战成名的事情是她搞定了公司里最难应付的那个客户。那个客户脾气十分暴躁，而且要求还特别多，是出了名地难伺候。

李同事第一次接待这位客户的时候，客户根本就不给她说话的机会，言语之间还都是对同事的看不起。就算是这样，我的那个李姓同事也没有直接放弃。她就跟那个客户一点一点磨。客户让她第八次改方案的时候，她也是满口答应，不见半点情绪，她还站在客户的角度在方案中添加了许多细节性的东西。最后呈现出来的方案客户终于满意，对李同事说："你真是一个有韧性的人！"从此之后，该名客户把公司的很多业务都交给了我们公司，而且指定必须由我的那个李姓同事负责。

我问她面对这样刁难人的客户，她是怎么做到不发火的。她

说："不生气是不可能的，但是我就想尽力而为吧。人心都是肉长的，我不相信他看不到我的努力。其实，跟进到最后，我是在跟自己较劲，我也想看看，自己的极限到底在哪里。"

优秀的人，总是有超乎寻常的耐力，有最强的渴望，要把事情做好。并因此，他们独立思考，反思判断，提出建议，积极推动。漫漫职场路上，只有拥有那种既然做了就要做好的劲头，才有机会去承担更大的责任，赢得更多的胜利。

## 只要不是世界大难题，
## 都能找得到解决方法

我年轻的时候，非常容易焦虑。脑袋里总会有一个观念时常跳出来，那就是"如果这个问题解决不了，我就完蛋了"。比如：如果领导还是不同意我这方案，我就完蛋了；如果我这次拿不到那个证书，我就完蛋了；如果那个客户还是不愿意搭理我，我就完蛋了；如果我再控制不住自己继续熬夜，我就完蛋了。正是因为这种极端的观点，让我有两年过的特别累。成绩没有取得多少，情绪却非常容易崩溃。

现在再回过头去看，我为我那时的想法感到可笑。其实除了生死之类的大难题之外，没有什么问题是可以一下子就让一个人彻底完蛋的。可能，当时还是太年轻，所以把一切都看得很重。越是关注问题，自己越是焦虑；越是焦虑，越找不到问题解决的方法；越是找不到解决的办法，自己越是逼自己，导致自己的思想越来越极端。甚至有几个瞬间，觉得这个坎儿，自己好像就是迈不过去了，自己的人生就此彻底失败，最后的结果自然就是自己情绪的全面崩溃。后来，真正建立这世界上大部分问题都会有解决方法这个信念，其实，我是用了一段很长的时间。

现在的我遇到相比于之前更多的难题，不管是职场上的，还是生活中的，但是自己却坦然了很多，面对错综复杂的难题，自己的情绪也变得非常稳定。从面对难题动不动就想掉眼泪，觉得根本就是无解，到后来学会从容面对，平静地一件一件地去解决之间。我最关键的变化就是我明白了一件事情，那就是真正让我难受的并不是问题本身，问题永远都不会消失。真正让我归于平静的，是我解决问题能力的提高。

在说如何提高解决问题的能力之前，我想告诉大家，如果你在你的人生中真的遇到了十分艰难的岁月，请不要轻易否定你自己，不要被困在那段时光里，不要一味地逼自己，有些问题当时解决不了，不是你的问题，而是时间问题。你要善待你自己，碰到最困难痛苦的时候，索性就先睡一个大觉再说，第二天你起来的那一刻，你会发现，其实还是车到山前必有路，有时候事情是会转过来的。

说完情绪的调节问题，在这里也给大家提供一个分析问题的方法，帮助提高我们解决问题的能力。现在要说的这个分析问题的方法，是所有"自我提升方法论"的基石。掌握这种分析问题的方法，我们认知问题的方式将会发生巨大的变化，让曾经困扰我们的难题迎刃而解。这个分析问题的方法就是——系统思考。

所谓系统思考就是要"观察整体"，即认为我们的学习、工作和生活中的任何事都是相互关联的，而不是简单的线性单因果关系。比如我们认为自己的工作业绩不够好，是自己不够努力。这就是一种单因果关系。实际上，造成我们工作业绩不够好的原因有很多，有可能是我们努力的方向不对，也有可能是因为和家里人发生了矛盾，让我们情绪比较低落。如果我们一味地让自己努力，那肯定是不能彻底的解决我们的问题的。

再比如，我们在职场中，我们发现自己的消息总是不如别的同事灵通，我们总是最晚得到内部消息的那一个。我们觉得同事是在难为自己，嫉妒自己。我们只好心不甘情不愿地每天都要主动多问同事一句"今天公司有没有什么内部消息"，但是这也不是长久之计。其实，我们应该认真思考一下，同事们都这样对自己，是不是自己本身有什么地方需要改进呢？因为不可能所有同事都为难你啊。同事们这样做是不是由于自己平时太过高冷，只顾自己忙自己的事情，跟同事最基本的沟通都没有？是不是一次又一次拒绝了朋友们午餐时间的邀请？自己平时在工作中是不是表现得有些不得体，让同事感觉自己有些盛气凌人？所以我们需要做的不仅仅是请同事吃顿饭那么简单，我们更需要注重自己与同事之间情感的交流，改变自己有些让同事感到不舒服的习惯，偶尔也参加一下同事们之间的聚餐，放下自己的架子。同事和你熟络起来之后，自然愿意与你亲近，把消息及时传递给你。

系统思考要求我们看清各种变化的过程。影响系统的任何变化都不是瞬时产生的。但是人们往往只能看到压死骆驼的最后一根稻草。微小的、集中的行动，如果选对了地方，有时会带来可观的、可持续的改善，我们把这种现象成为"杠杆作用"。掌握了系统思考，我们在问题刚刚出现苗头的时候就可以警觉地发现，不至于等到酿成大祸之后才捶胸顿足懊恼不已。

在没有产生系统思维之前，我们容易产生这样的误区。第一就是我的职位就是我的职位，这个思维误区会带来两个方面的麻烦。一是高度专业引起的岗位单一化，一旦遭遇公司裁员被迫离开自己的工作岗位，很可能在短期内难以找到符合自己预期的工作。二是只关注自己的岗位，对职位之间的关联缺乏责任感，一旦出现失误就会出现相互踢皮球的情况。

第二是"敌人在外部"的思维误区。这是"我的职位就是我的职位"带来的负效应。当问题发生的时候，我们每个人都习惯责怪身边的人或事。好像全世界都和我们过不去，存心为难我们，但是我们自己全然不知解决一切问题的钥匙就在我们自己手中。

第三个思维误区就是"执着于事件"。我们所遇到的很多难题，其实并不是来自突发事件，而恰恰是来自缓慢渐进的过程。也有很多时候，难题不在于事件，而在于人际关系的变化。如果我们的思想都被短期事件主导，那么就无法实现整体性的提升。

要构建解决问题的系统思维，就要做到以下两个方面。首先要树立因果循环的观念。想要使用系统的方式思考问题，就要改变我们原本线性的单因果思维模式，改变简单武断地处理问题的方式。就如我前面所举的例子，我们工作的业绩不达标，我们就得出一定是自己不够努力的结论。这样想问题就太过简单了。建立系统思维之前我们还需要构建系统的基本模块。构建系统的基本模块有两种：正反馈，负反馈。正反馈是加速增长或加速衰减，让好的更好，坏的更坏。负反馈是起到稳定作用的反馈，它让我们离自己的目标越来越近。就像是我们在高中生物中学到的，人体系统有数千个负反馈过程来维持体温，保持平衡，愈合伤痛，调节瞳孔采光亮，以及进行危机报警。

构建完系统的基本模块之后，我们就可以利用解决问题的系统模型了。在这里主要给大家解释一种最基本模型。那就是增长极限模型。增长极限模型：一件事情如果开始得很顺利，并且发展迅速，那么这种快速的增长一定会导致副作用，从而使得增长缓慢甚至大幅下降。这个模型由一个正反馈和一个负反馈组成。副作用就存在于负反馈的圆环中。每一个"增长极限模型"的杠杆作用点都在负反馈环节。我们想要改变现状就必须识别并改变负反馈限制因素的影响。比如我们的工作业绩不达标是不是因为我们自身的情绪问题，或者是领导指示的方向的错误。

在我们的生活中，有许多"增长极限模型"的难题，要识别这种模型很容易，就是看我们解决问题是不是一开始越变越好，后来突然神秘地停下来了？如果是，那么我们就要寻找限制发展的因素，以及它带来的负反馈。在看清楚我们的处境之后，我们就可以减弱或者取消限制条件。最后，我们就可以把问题解决掉了。

破局：全面提升你的竞争力

# 任何时候都要有自己的思考

我大学毕业工作之后，第一次受到领导批评的原因是我向他请示的问题太多。其中，当时他说的一句话，让那个时候的我伤心了很久。那句话是："我真的不知道该怎么带你了，你的脑子是干什么用的？当摆设用的吗？你是一点都不知道自己思考啊！"说这句话的时候，他甚至直接把脸扭到一边，紧皱眉头，满脸怒气，明显被气得一眼都不想看我。

当时的我十分委屈，忍不住哭着从他办公室走了出去。那个时候的我真的想不明白，有些决定我觉得自己做不了，就问了他一下，想要事事按照他的意思做，我到底有什么错？

后来才明白，在职场上有些事可以问，但是有些事如果认真想一下自己就应该知道怎么做了。没有自己的思考和观点的人，是永远都不会被重视的，甚至还会被别人认为那是一种没有能力的表现。

越是往后工作，我越是发现独立思考的重要性。不管什么时候，我觉得有自己的观点是一件很重要的事情。这世界上，道理太多，但是真正可以用在自己身上的却寥寥无几。在这个信息爆炸的时代，太多的真真假假、人云亦云的信息不断地涌入我们的视野。如果我们没有自己的观点，就只能被淹没在无用信息的大海里，永远找不到自己应该努力的方向。很多人打着为我们好的名义，告诉我们，我们应该那样做，他们自以为很了解我们，事实上，只有我们才知道自己是一个什么样的人。如果我们拿不出自己的观点，就只能乖乖按照他们说的做。老板有的时候画的饼很大，他说到激情澎湃处，如果我们没有自己的思考，我们可能也会为他的话热血不已，拼尽全力最后却落了个颗粒无收。如果我们没有自己的思考，没有自己的观点，那么无形中，我们的收益就会降低。

怎么才能提高我们独立思考的能力呢？根据我们思考的方式，我们需要从以下三个方面出发：获取信息，建模，模型修正。

## 一、获取信息

做到独立思考的前提，首先我们就要学会如何去"思考"。试想一下，在完成领导交代给我们接待好客户的任务之前，我们是不是先要了解客户是几点的飞机，客户的年纪、爱好、口味、性格，客户想从公司这里获得怎样的服务，自己的公司又想从客户身上获得什么样的利益。这个了解的过程就是我们搜集信息的过程。搜集信息是我们进行思考的前提，我们需要对搜集到的客户信息进行汇总。

这个信息汇总会让我们在心里对客户有一个大致的画像。

## 二、建模

我在前面的文章中也提到过要建模。在培养独立思考能力时，建模是必不可少的一环。因为在我们搜集到很多信息之后，我们就需要为自己建立一个模型去分类管理这些信息。建模的好处就是，当我们成功建立一个模型之后，我们日后搜集和理解信息会变得非常高效。我们可以在短时间内获取并提炼出大量的信息，从而为我们的独立思考节省时间，提高思考效率。就像是我们如果有了取得一个客户信任的经验，建立了如何和这一类客户进行合作的思考模型。那么我们就能如法炮制，在遇到类似的客户或者是在遇到相似的问题的时候，我们就不用再次费力思考了。

至于建模的方式，就是寻找共性和利用第一性原理。寻找共性从逻辑学的角度来说，就是寻找能够归为一类的信息，那些信息是在某个方面具有共性的。寻找共性我前面具体地提到过，那里的内容放到这里依然适用。利用第一性原理思考的方式就是不断地问："为什么？"一直深挖到最后一个为什么，无法再解释的时候，我们就得到了第一性原理的思考方式。

## 三、模型修正

虽然建模能够让我们迅速提炼信息和分析问题，但是建模的负面影响也是显而易见的，那就是建模会使我们非常容易把所有的事物进行标签化。当我们分析具体问题的时候，这种标签化的思维方式可能会阻碍我们忽略每一个问题的特殊性。所以第三步就是独立思考的关键步骤——通过外部信息进行模型修正。

当我们需要思考一件事情的时候，在自己已有模型的基础上，需要对信息进行进一步的获取、鉴别和筛选。

独立思考的核心在于我们思考出来的结果不一定是跟大众相同的，但是一定是最能体现我们三观的。所谓的有想法、有主见就是在自己的三观和视角下，独立思考出了不同于他人的，只属于自己的观点。

当然，独立思考绝对是一个需要长期培养才能拥有的习惯。我们想要不断地提高我们独立思考的能力，就必须不断地获取信息、整合信息、分析信息、过滤信息、精炼信息、利用信息。只有我们进行独立思考了，我们才能最终形成自己独特的思考方式和价值观，我们才能有底气在别人面前据理力争，让别人尊重我们的想法。其中，获取信息的过程，离不开我们大量的阅读、大量的观察、大量的思考、大量的反思、大量的总结。

德国的尼采说，通向智慧之旅有三个必经阶段：一是合群期，崇敬、顺从、效仿比自己强的人；二是沙漠期，一个人束缚最牢固的时候，崇敬之心破碎，自由精神茁壮生长，重估一切价值；三是创造期，在否定的基础上重新进行肯定，但是这不是出于某个权威，而仅仅是出于自己，"我"就是命运。希望我们大家都能多读书，多独立思考，都能通向智慧的第三个阶段。

# 摆脱拖延，才能活出自我

　　拖延现在似乎已经成了很多人的一种通病，甚至有些人已经进入了病入膏肓的状态。拖延，Procrastination，在拉丁文中，"pro"意思为向前、推进、支持，而"crastinus"则为"明天的"。所谓的明日复明日，不断地把今天的事推到明天去，就是"拖延"拉丁文词源字面的含义。

　　在心理学范畴里，拖延指的是人们那些主动选择的不理性的长期的拖延行为。换句话说，就是人们明明知道可能的负面结果，却还是仍然选择拖延的行为。也就是我们口中常说的拖延症。

　　不了解的人，会认为这种惯性拖延就是因为懒，因为个人缺乏时间管理的能力，或是因为有些人不把别人的时间当时间。事实上，尽管"拖延症"并不是一种临床意义上的心理疾病，没有被纳入精神疾病诊断体系，但是，影响习惯性拖延的因素，并没有人们想象的那么简单。它也许是来源于更深层次、更复杂的心理因素。

而且拖延症在每个人身上的表现不是统一的。具体总结起来，拖延症有几种不同的表现。

### 一、回避

人们会回避与完成任务有关的场所或者情景。比如在我们把一项任务拖了很久都没有完成，那么我们对去公司的抵触情绪就会越来越大。我们甚至根本就不想去上班，我们也不想看到任何和那个任务相关的信息或者提醒。

### 二、否认与轻视

高效的工作方式是立刻处理那些重要且紧急的事情。但是正在拖延的人则会把时间花费在一些紧迫但不重要，甚至是不紧迫，不重要的事情上面。而对于那些重要而且紧迫的事情，他们会选择否认或者轻视的态度。

比如领导要求我们在 12 点之间把项目 PPT 做完，并发送到他邮箱。我们是在上午 10 点钟接到任务的。这个任务无疑是重要且紧急的。但是我们会认为那个 PPT 我们用一个小时就能完成。所以我们可能觉得自己先和同事闲聊一下，再点个外卖也来得及。

### 三、分散注意力

一些人的拖延并不表现为直接否认该任务的重要性，而是分散自己的注意力。这主要与未完成的任务使其产生的紧张、焦虑有关。比如我们会为了逃避所需要完成的任务，把自己全部的注意力都放在玩手机上。

### 四、嘲笑

讥讽、嘲笑那些提前规划，按部就班完成任务的人。比如声称"只有那些能力不足的人才需要提前做准备"，试图以此证明自己的拖延是有道理的。

### 五、比上不足，比下有余

人们还会不断地与自己更拖延的人做比较，以此来减轻自己的羞耻、内疚感，得到一种"我不是最拖延的人"的自我安慰。

### 六、稳定心态

在本来应该完成任务的时候，陷入了对自己已经取得的成就的满足之中。随着截止时间的临近，这种稳定心态的手段被更多地使用来安抚自己。"我已经完成这么多，这么好了，后面的肯定也没有问题。"

### 七、责难

当感觉完成任务的时间可能远超自己的预期，而截止时间又近在眼前。拖延者会开始将拖延的原因归结为外部因素，比如"这次的项目太难了，帮助我一起弄的同事又太弱了"。

以上这些行为表现，很有可能被不了解的人认为就是因为个人懒惰和缺乏时间管理能力引起的。但是，根据相关研究，拖延与人们的情绪、认知等心理因素更为相关。除此之外，一些生理及外在因素也影响了人们的惯性拖延，例如像心情不好、害怕失败、害怕承认自己的弱点、缺乏对未来的现实感、追求刺激，等等。

很多人曾经尝试着手改善自己的拖延症，但是因为自己拖延问题的持久性和顽固性，感到焦虑不安或者失去信心，最终就放弃抵抗了。

其实，我们在准备改善我们的拖延症之前，一定要先分析影响自己拖延的主要因素，这样会使我们的改变更加容易进行。当我们找到影响自己拖延的因素之后，我们可以从以下两个方面进行改进。

**在情绪与认知方面：**

1. 接纳与自我关怀

接纳是我们管理情绪的第一步，也是最为重要的一步。我们之所以在任务完成前容易产生焦虑、抑郁的情绪，与自我批评、自我挫败的想法不无关系。这种缺乏自我关怀的行为不但会让我们感觉到羞愧、自责，也会让我们在下一个任务开始之前，感到越发焦虑，从而陷入拖延的恶性循环。因此打破这种恶性循环，首先就是接纳自己的负面情绪，以鼓励和原谅代替自我指责。

　　　　　　　　破局：全面提升你的竞争力

2.识别非理性认知

非理性的认知不但会直接导致我们拖延，而且还会影响人们的情绪，使人们拖延着无法完成一件事情，然而并不是所有人都能及时意识到这种非理性认知方式的存在。对于那些长期受到焦虑、抑郁以及非理性信念困扰的人而言，及时寻求专业帮助是十分必要的。

**在行为方面：**

1.设立合理、可行的目标

我们在设置目标的时候，一定要让目标尽量合理和可行。因为只有这样，我们才不会被自己过高的期望吓退，才能在目标完成后提升我们的自我效能感。让我们意识到自己是有能力完成一些事情的，减少未来因为自我怀疑和焦虑产生的拖延。

2.分解任务

将一个大的合理目标分拆成若干个小任务之后，每个任务对于我们而言，都会变得更加容易实现。而每完成一个小任务之后，又会为我们实现大目标增添信心。

3.及时奖赏

我们对任务的厌恶程度会影响实际的执行力和是否拖延。根据相关研究表明，人们是否厌恶一项任务或是怀疑它的价值，与完成任务之得到的奖赏或者惩罚有关。因此我们在完成任务之后，要记得给予自己一些奖励，让自己更有动力去完成后面的任务，避免拖延。

4.增强未来的实现感

改变计时方式会改变我们对于未来远近的认知。把"天"作为时间单位会比"月"或"年"要更加让我们感受到时间的紧迫。所以我们可以在工作的时候，把我们的计时单位从"天"变成"小时"。事实上，这样做还可以让我们更加直观地看到未来。让我们会更加关心未来的自己。因此对于日常工作中的拖延，我们可以通过在脑海中具体而细致地描绘出完成任务之后，自己可能得到的奖励或者惩罚来帮助自己建立与未来的联结，增强未来的现实感，从而激励自己尽早做出行动。

破局：全面提升你的竞争力

# 停止抱怨，努力克服各种干扰因素

我有一个同事，她为人善良，在日常生活中很乐于助人。但是包括我在内，大家都不愿意跟她长谈。因为一旦跟她长谈之后，我们一整天的心情都会不好起来。她什么都很好，但就是特别喜欢抱怨。她的这个毛病让大家真的对她喜欢不起来。

你跟她没说两句话，她就会在你面前不停地开始抱怨。比如："领导真的太冷漠了，我只迟到了两分钟，就把我的全勤奖给我扣了，真倒霉；咱们的命啊，就是苦，谁让咱们天生没有人家命好呢；都怪小李，要不是她拖后腿，这事我能一个人办的特别漂亮；今天的天气真该死，一会儿冷，一会儿热的，真是和我作对……"她抱怨完之后，可以安心地开始工作，但是我们听完之后心里却堵得慌。听她抱怨完，就好像心里堵了块石头，自己看哪儿，哪儿不顺眼，无缘无故，就想发火。尽管她不管参加什么活动都很积极，但是大家还是都不愿意过度靠近这位爱抱怨的同事，就是因为她的抱怨。

要知道，由怨气产生的抱怨，可能会滋生抑郁、焦虑、仇恨和敌对等负面情绪，不仅会让当事人感到痛苦，给心血管造成持续的压力，引发心脏疾病，暴饮暴食，健忘，损害身心健康，还会对当事人的人际关系、亲密关系造成非常大的破坏。因为抱怨可能会在无意中转化为持续性的语言攻击行为，所以会让周围的人因为承受不了而选择远离和回避。

既然抱怨有那么多坏处，那么为什么人们还会那么乐此不疲地选择抱怨呢？

因为抱怨让我们得到"受害者"身份的认证，当我们在对让自己感到不舒服的各种干扰因素抱怨时，我们认为自己就得到了一个"受害者"的身份。我们抱怨的潜台词就是"我是受到伤害的那一方，让我受到伤害的那一方是错的。我在中间没有任何错误，错误是别人的"，"有人或者有事要为我现在的不幸负全部责任，而我本人是无辜的，因为我遭遇的不幸，需要得到特殊的对待和照顾"。

一项发表在心理学期刊《个性与个体差异》的研究，将这种倾向称为受害者心态。这种心态整体上表现为"觉得自己应该获得某种特权或者特殊的地位，对别人缺乏同情心，渴望得到别人的认可，会反反复复回想过去的一些不愉快的经历"。

我们的潜意识，会有意无意地保存这样的心态，加强它，像喂养宠物一样地把它养在心里，它可以让我们推卸对自己人生的责任，逃避或放弃改变现状的能力。但是时间一长，就会发现对自己重要的人，相继都远离自己了，自己的精神状态、生活质量都距离自己的期待越来越远。

那么从我们自身来说，我们到底如何才能戒掉抱怨的毛病呢？在这里给大家提供三个方法。

### 一、XYZ 法则

我们想要抱怨之前，可以把我们抱怨的话语用 XYZ 法则表达出来，既能表达出我们想要表达的意思，还不会让别人感受到你在抱怨。X、Y、Z 三个轴分别所代表是：事件、环境、感受。即别人在 Y 环境下做了 X，我们感受到了 Z。这样说可能有点抽象，举个例子给大家解释一下。

比如跟我们搭档的同事迟到了，所以我们自己完成了很多任务。当同事来到的时候，我们难免心生不满，想要开口抱怨。我们可能对同事说："你可真会挑时间，我干完了你才来，你也太没有时间观念了吧。"现在换成 XYZ 法则可以是：现在正是交通最拥挤的时候（Y：别人在什么情境下做了什么事）；你迟到了一段时间，所以我要承担很多你的工作（X：陈述事实）；我能理解你不是故意的，也能理解你的难处，但是这么多工作我一个人确实忙不过来，所以你这样做我很为难（Z：倾诉自己的感受）。

### 二、调整自己的归因法

归因时，先不看外界因素对自己的干扰，从自身出发。当我们想说"都怪同事某某一直在旁边讲电话，害得我不能专心工作，我工作没有完成，都怪他"时，我们可以换成"如果我……就……"的句式表达。比如"如果我能更专心一点，心里不总惦记着什么时候下班打游戏，就可以按时完成我的工作了"，"如果我昨天不熬夜，就不会那么困倦和神经衰弱了，我就有更高的工作效率了。"

### 三、运用"21 天不抱怨法"

"21 天不抱怨法"是美国人威尔·鲍温发起的心灵环保运动。它的具体做法是：

（1）找一根环状物戴在手上，这个环状物可以是手表、皮筋、运动手环，等等。

（2）当发现自己在抱怨的时候，就把环状物转移到另外一只手上，重新开始。

（3）如此交替更换，坚持下去，直到连续 21 天，自己的环状物都戴在同一只手上，那么就算成功完成了这项任务。根据相关统计，一个普通人成功的时间大概在四到八个月。

在我们自身做到不抱怨之后，我们还要注意不要被身边爱抱怨的人绑架。神经学家和心理学家研究表明：大脑的工作方式就像肌肉一样，如果你让它听了很多负面信息，它就会按照消极的方式行事。所以我们除了关住我们自身之外，我们还要避免自己的大脑受到别人的抱怨之苦。

首先，我们要远离抱怨者。因为情绪是会相互传染的，与经常开心的人待在一起，我们也会容易变得开心，容易感受到快乐。与爱抱怨的人经常待在一起，我们也会变得非常消极。当别人主动找我们抱怨的时候，我们就要马上转移话题，或者找借口离开一下。

其次，引导抱怨者。当我们回避不了抱怨者的时候，我们可以尝试引导他，比如"目前最重要的还是要把事情先完成做好，我知道你比较难过，但是现在不是难过的时候"。去开发他们的思维，让他们的注意力从抱怨干扰因素转移到解决问题上面去。

最后，我们要做的就是防御抱怨者。当我们对抱怨者进行远离和引导都失败的情况下，我们可以选择增强我们的心里防御机制。在抱怨者不断抱怨的时候，我们要在自己的内心坚定地告诉自己，我们与他是不一样的。对方向我们输出的语言只是他自己情绪的宣泄，并不是事实一样的存在。同时，我们也要反向思考，自己怎么做才能避免自己身上发生他所抱怨的事情。

生活从来不会偏袒谁，过得好与不好，很大程度上都是由我们自己所决定的。在我们的生活中，干扰我们工作的因素有太多，但是我们不能用自己的抱怨来面对这些干扰因素，我们应该让自己的内心真正强大起来。少抱怨，多行动，当我们的心真正静下来的时候，能够对我们形成影响的干扰因素其实真的没有那么多。

# 免费的东西往往代价更高

在我的职业生涯中，有一段时间对我来说非常难熬。造成我这段难熬时光的根本原因是我免费得到了我原本不应该得到的东西。那时候，公司里有一次升职的机会，但是需要离开公司的总部。我清楚地知道，不管怎么选都不会轮到我升职。因为在我前面的那几个主管，他们的实力都比我强，但是不知道为什么，那次升职，几位主管的积极性都不太高。我一开始只是单纯地以为他们只是不想离开公司本部罢了。

在宣布升职人选之前，一向跟我交好的经理把我叫进办公室，问我对这次升职的人选有什么想法。我其实根本没有什么实际想法，所以也就说不出个所以然来，就随便应付了领导两句。领导听完点点头，突然问我对这次升职的岗位有没有意愿。听完领导的询问，我当时心里乐开了花，感觉就像是被一个惊喜砸中了。所以在跟领导说完表面上的谦虚的话之后，表示如果有机会的话，自己愿意试一试。

让我没有想到的是，最后那个升职的名额经理竟然真的给了我。当时的我别提多高兴了。我当时就觉得自己运气太好了，基本上都没怎么费力气，就得到了这次升职的机会。

但是当我升职之后，我是无比地后悔，因为这个升职还不如不升。我升职之后完全进入了一个陌生的地方，而且那个地方的山头主义很严重，我作为一个外来人，也不知道怎么站队。于是就把两边都得罪了。更让人难过的是，在升职之后，我的工作一下子增加了很多，加班熬夜成了家常便饭，而且基本上自己上升的路都被堵死了。真正坐到那个职位上之后，我才明白，这哪是什么升职啊，这就是贬职啊。最后心灰意冷地只能辞职，重新开始找工作。这件事情让我真真切切体会到了什么叫作免费的东西往往代价更高。果然是"一切命运馈赠的礼物，早已在暗中标好了价格"。

免费在我们面前如此诱人，为什么？因为多数交易都有有利和不利的一面，但是免费会使我们忘记不利的一面，免费会给我们造成一种情绪冲动，让我们误以为免费的物品价值大大高于它的真正价值。我们本能是惧怕损失。免费的真正诱惑力是与我们的恐惧联系在一起的，我们自动认为如果我们选择免费的东西，那么我们就不会有任何损失，如果东西不是免费的，那么对我们来说就会有受到损失的风险。所以我们潜意识会朝免费的方向去寻找。

免费的东西往往代价更高，换句话说，免费的东西才是最贵的。为什么这么说？我们可以从以下三个方面出发。

## 一、机会成本

在工作过程中，我们难免会有向别人寻求帮助的时候。比如我们有一份 PPT 需要找人做得更专业、更美观。其实，在网上，花一些钱，很容易就可以找人按照自己的要求完成 PPT 的美化工作。

但是我们就是喜欢免费的东西，所以我们在第一时间不会想着去花钱，而是请求公司里面 PPT 技能比较好的同事帮忙。在这个过程中，我们需要跟对方软磨硬泡，请求对方的帮助。在对方答应之后，我们还要等对方闲下来，然后再跟对方沟通自己的需求。这中间，其实我们就浪费了不少的时间成本。我们可以用那些时间完成很多事情。但是那些时间都被浪费掉了。

不仅如此，碍于同事的面子，我们还不好意思提出很多原本应该提出的要求。因为我们生怕同事不耐烦。在同事帮助我们美化之后，我们就算不怎么满意，也要夸赞同事做得很好。

由于这一次欠了同事一个人情，所以我们想着请对方吃一顿来还上这次人情。但是对方在吃完你请的饭之后，并不觉得你们之间两清了。下此他向你寻求帮助的时候，你就失去了拒绝的机会。因为你自己根本没有理由拒绝别人，别人曾经帮过你。

所以表面上，我们差不多是免费得到了同事的帮助，但是在实际上，我们投入了很多机会成本。

## 二、免费无法解决稀缺性问题

比如在职场中，领导给我们和同事发布了同样一个任务，完成同样一份收购策划案，对我们和同事进行考核。我们为了省钱和追求免费，就去网上找了一些免费公开的资料，拼拼凑凑完成了这份策划案。但是同事却选择花钱去买更多专业的内部资料进行参考，向业内有名的专家进行付费咨询。最后我们跟同事呈现出来的策划案的效果注定是不一样的。领导可以从同事的策划案中看到稀缺性和独特性。而我们的策划案就是没有针对性的泛泛之谈，没有任何专业性。所以在职场竞技中，同事自然是赢了。我们因为自己一时贪便宜的心理，导致我们错过了在领导面前表现的机会。如果我们一直追求免费，那么我们得到的东西，大家都能得到，我们的工作成果就会缺乏稀缺性，所以我们在与别人的竞争中就没有任何可以胜出的优势。

### 三、无补偿负面外部性

这个名词有点绕，在这里给大家具体解释一下。这个名词的意思是当某些事物实际上非常稀缺，而我们却认为它们是非常富余的，那么不利的情况就会出现。

比如我们在 20 多岁的时候，时间是免费的，那个时候，是我们在职场挥洒汗水最好的时间，但是当时的我们认为我们后面还有大把时间可以用来提升自己。所以我们根本就感受不到时间的珍贵，我们选择了逃避、等待、休闲、娱乐。这段时间真的是免费的吗？当然不是，我们要在后面吃很多苦，来为这段虚度的时光买单。当我们进入 45 岁之后，我们就会感受到时间的宝贵，为自己以前虚度的那些大好时光感到遗憾。缠在我们身上的琐事，还有我们身体机能的下降都让我们产生深深的无力感，会不停对自己当年不努力的时光感到后悔。

所以在很多时候，我们绝对不能一切都向免费看齐，因为我们根本不知道这个现阶段免费的东西，后面需要我们花多大的代价。

第六章

能力逻辑：

行为模式
是塑造出来的

## 信心，源于他的能力，
## 而不是他的出身

　　京东创始人刘强东以宿迁高考状元的成绩考入中国人民大学那年，他们全家人的生活来源是他父亲一个月 12 块钱的工资。所以那个时候他的家里困难到甚至拿不出他上学的学费，最后还是全村人东拼西凑地凑了 500 块钱和 76 个茶叶蛋给他，他才有了进入北京学习的机会。

　　多年之后，功成名就的刘强东，在自己的微博上写下这样一段话："今天早餐的时候看到久违的茶叶蛋，忍不住吃了一个，味道超出想象的好！我十八岁离开老家时候，背着 76 个茶叶蛋和外婆缝在内裤里的 500 元现金！这些都是父母、亲戚朋友和村民凑出来的血汗钱，茶叶蛋是那个年代村里面最好的营养品！家里以后再也没有钱给我了，所以我到学校第一天就开始琢磨打工养活自己。就是这 500 元和 76 个茶叶蛋给了我走向全世界的机会！所以我拼命地为老家拉企业投资、捐款捐物，每个人都要懂得感恩！父老乡亲们的恩情，我会用一辈子来还！"

刘强东的言语之间，没有对自己出身的任何自卑，没有对过去有任何遮掩，反而是十分感激那段岁月。

大众印象里的刘强东似乎都是运筹帷幄、说一不二的形象。在媒体面前他侃侃而谈，气度非凡。在竞争对手面前也没有丝毫畏惧，说笑之间都给人志在必得的感觉。那段穷困潦倒的时光，还有他穷苦的出身没有成为他见不得人的秘密，反而成了纵横商场的自信和底气。

从根本上讲，为什么寒门出身的刘强东现在可以那么自信？放下这问题先不谈，我们从问题的反面出发，人不自信的根本原因是什么？想要得到这个问题的答案，我们就要回顾一下原始人生活的环境了。要知道，几百万年前的人类生活的环境危机四伏，一不小心，就会丢掉性命。当原始人外出打猎的时候，面对凶猛的野兽他要在心底里盘算自己的胜算有几成。一旦感觉自己的胜算不大时，就会退缩畏惧。这时候，不自信的情绪就产生了。不自信在原始时代，是一种人类的自我保护机制。那些没有不自信情绪的原始人很大的概率在人类进化的过程中挂掉了，而不自信的情绪基因被保存了下来。所以不自信情绪作为远古时代我们祖先留给我们的遗产，至今都在发挥着它的影响。

由此，我们可以得出一个结论，那就是不自信是原始人为了自保的情绪机制，一种生物健康的防御机制，让你认识到客观的可行性有几成后产生的情绪反应机制。这种情绪反应机制被刻在人类的基因代码里挥之不去，这种有利于人活着的情绪在进化中被保存下来。

泰迪和藏獒同样都是狗，但是泰迪的性格相比于藏獒就显得非常温顺，藏獒就比较凶猛了。而且藏獒的领域意识非常强，面对陌生的敌人，藏獒会非常勇敢地和敌人进行搏斗，但是泰迪就会选择退缩。因此，在某种程度上，藏獒在面对"冲突"的时候会显得比较自信，而泰迪就显得不自信。导致它们自信程度不同的关键就在于它们自身的身体素质和能力的不同。

而这种形体上的差异导致的情绪差异对应到人的能力上是一样的。我们之所以感到不自信，大部分情况是因为，面对外界的问题我们感到力不从心，没有清晰的思路去解决问题。换言之，在问题面前，我们自觉自己的能力不足以应付，我们就会产生不自信的情绪。而不是我们的出身本身让我们产生了不自信的情绪。我们感到自信的时候，往往都是我们准备得十分充分，觉得自己处理问题可以游刃有余的时候。

因此，我们可以再得出一个结论，那就是一个人的自信程度大致上是与他相应的能力成正相关的。我们一味地要求如何让自己变得自信，一味地埋怨自己的出身不好，还不如放下要求和抱怨，专注地去提升自己相应的能力实用。我们的能力一旦提升，我们的自信自然而然就上来了。

所以我们提升自信的思路应该变成：首先要承认自己"不自

信"的情绪是正常的反应，跟自己的出身没有多大关系，然后再着眼于自己相应能力的提升，而不是一味追求表面的自信。不自信，给人最大的伤害就是容易把人的注意力转向自我内部，随后下意识地停滞与外界的健康互动，然后在内部进行过多的自我反省和埋怨，这对于改变自己不自信的现状毫无用处。

所以，不要掩耳盗铃，不顾改善自身，而一味强调自己的出身不好和只追求表面的自信，应该不带情绪，客观分析自己的不足，逐步提高自己的能力。当我们自己的能力提高之后，自信会成为我们的一种人生态度。

当然，在提高自己能力的同时，也要暗示自己过度的不自信情绪对现在这个社会来说是不合理的，一定要有意识地将不自信情绪降低，让不自信的情绪反应减弱，建立符合现在这个社会的"风险阈值"情绪机制。当理智上捕捉到自己的不自信情绪是没有必要的时候，我们就要不断对自我进行暗示，在一次次、一天天的自我暗示下，那种原始的风险阈值逐渐被打破，新的风险阈值会被重新建立。

回到最初的问题，从根本上讲，为什么寒门出身的刘强东可以这么自信，就是因为他自身强大的能力在背后支撑。出身重要吗？当然重要，可是那是既定的人生剧本，我们无法修改，我们只能接受。很多时候，我们觉得自己的出身是自己自卑的根源。事实上，一个人越在乎自己的出身，越说明他没有底气和自信。真正可以让一个人内心充满力量的从来都是自身的能力。

其实，最可悲的是，让我们自卑到骨子里的，不是我们的出身，而是我们根本不敢努力和尝试，我们才总是用自己的出身作为借口。因为我们害怕就算自己努力了，自己的能力也不会有提升，最后也不会有结果，还会被周围的人嘲笑。我们自己根本就不敢相信自己会赢。现在的社会已经不是原始社会了，我们根本不需要那么多的不自信情绪了，所以要拿出勇气去试错，勇敢地迈出第一步，把自己的能力变大变强，最后自信心这东西就会跟你如影随形。

破局：全面提升你的竞争力

# 有能力，就要大胆做

中国政法大学教授罗翔曾说，人最大的痛苦就是无法跨越知道和做到的鸿沟。这句话得到了很多人的认同。因为在很多时候，我们确实十分清楚怎么样做是对的，怎么样做才是最好的，我们也知道自己是有能力完成的。但是，最终我们会因为各种各样的原因没办法做到我们原本的设想，我们就是无法跨越知道和做到的鸿沟。

在 2019 年 1 月 10 日的红米 Redmi 发布会上，当时随着移动互联网的普及，用户对智能手机的需求越来越大，手机市场也吸引了越来越多的品牌进入，小米面临的压力越来越大，在这种环境下，雷军喊出了"生死看淡，不服就干"的口号。这句口号有点不符合雷军以往内敛低调的形象，但是却让人们看到了雷军面对强大的市场压力时内心的孤勇和狠劲儿。像雷军这样的人成功绝非偶然，如果我们仔细研究一下，我们就会发现，他们总是在最关键的时候，拿出了适当的勇气和行动力。

人生的命运是由无数的选择构成的，我们的选择会或大或小地影响自己的命运。回望我自己的前半生，我发现当我可以对某些重大事情进行选择的时候，其实就是老天给我改变自己命运的时刻。只是当时不觉得，以为自己退缩一次还会有下一次机会，但是到后来才明白，不会再有了，错过了就是错过了。比如在微信公众号刚火起来的时候，我是很感兴趣的，潜意识也觉得自己应该尝试一下。但是担心自己就算投入去做了，也不会取得什么成果，再加上自己当时确实没有什么上进心，所以自己总是给自己各种各样的借口去拖延。最后，当看到身边的朋友都取得了不错的成绩的时候，我想开始，才发现微信公众号的红利期早就过去了。

在工作上也是，在初出茅庐的时候，领导曾经有意提拔我，交给了我一个非常有挑战的工作任务，但是当时自己却非常担心如果接受了这个任务，在后续的过程中会出现差错，同事会不会看不起自己，领导会不会再也不重用自己？带着各种各样的担心，所以我决定再等等，可是这一等就是四年，那个能力还不如我的同事最后接下了这个工作任务。一年之后，他就顺利升职了。看看那位同事，再看看自己，没有后悔那是假的。在后面的日子里我也总是在想，如果当时自己再勇敢一些，再果断一些，是不是就不会跟那个同事之间产生那么大的差距？自己是不是就可以少走很多弯路？

我回望自己的经历时，发现每当到了关键的时刻，我都在进行自我设障。自我设障就是指个体对可能到来的失败威胁，事先设计妨碍的一种防卫行为。绝大多数人对失败有着强烈的恐惧，尤其害怕在重要的场合失败。值得强调的是，自我设障通常是无意识的，自己很难察觉到自己在给自己设置障碍。就像我自己，当时在拒绝领导安排的任务的时候，产生的很多担心，就是在无意识地给自己设置障碍，但是当时的自己并没有意识到。

那么，具体来说，通常情况下，人们是怎么给自己设置障碍的呢？行为的自我设障策略是指个体通过做点什么破坏性的事情或者是什么都不做来阻碍成功结果的出现。其中，拖延是非常常见的一种形式。

对外声称的自我设障策略是指个体用难辨真伪的借口公开表示自己处于不利的竞争情景，期望失败时容易博取别人的谅解，为自己的失败做准备。比如："这项工作给的时间太短了，任务量又那么大，在那么短的时间内完成这项工作，神仙也做不到啊！"

我们还会通过抬高和帮助他人来进行自我设障。当个体在面临竞争或者比较的情景时，会通过抬高或者帮助竞争者为自己的失败做铺垫。比如在职场上，当我们在跟其他同事竞争的时候，我们非常害怕自己失败，我们可能会做出主动跟与自己竞争的同事进行信息共享的行为，还会说："我是绝对没有赢的希望的，你的能力那么强，你一定会成功的。"看起来怪诞的行为背后显示的是我们为自己可能面临的失败在进行自我设障。

我们为什么会进行自我设障呢？原因有二：首先是我们当中的很多人都喜欢追求完美，对自己的容错率很低。为了保存自己的颜面，给别人留下好印象，所以我们就会通过自我设障来完成印象管理。给别人一种不是我不行，而是这个任务难度太大了，所以我们不敢尝试，我们会失败的结果是无可厚非的。其次就是维护自己的尊严，因为如果我们拼尽全力，但是最后仍然失败了，那么我们就没有任何伪装了，我们就必须要承认"自己能力不足"这个事实了。从我们内心来说，我们是不愿意接受这个事实的，所以我们才会选择自我设障。

要解除自我设障，就必须先察觉到自我设障的行为。一旦我们出现退缩、畏惧的心理时，就应该给自己拉响警报，因为一再地畏惧和退缩，会使我们丧失很多机会。我们不要在自己没有行动之前，就开始为自己的失败做铺垫、找借口。有意识地克服自我设障之后，还要尝试放下挑战不合理信念的行为。很多时候，我们之所以会退缩，行动力不足，是因为在我们的脑海里存在一个不合理的信念——我必须要成功。这个"必须"让我们又累又恼，只要有一次不成功，我们就会跌入"我就是一个无能的人"的极端。其实，"我必须成功"是一个非常错误的信念。因为这个信念可能会导致我们不敢开始。我们太害怕自己失败了，所以直接选择不开始就会成为我们的习惯。因此，要放弃这样的信念，变成"我就是试试，成功了更好，不成功我又不会死"。转变信念之后，我们可以轻装上阵，减少沉重的心理负担，因而也更容易获得最后的成功。

破局：全面提升你的竞争力

# 只有表现出来的能力才叫价值

前段时间，有一个综艺节目非常火。这个综艺节目就是《令人心动的 offer 第二季》，里面有一个实习生叫作王骁，他毕业于斯坦福大学。在王骁面试的时候，君合合伙人史欣悦直接表示："这就是我们要的人！"不难看出，面试时王骁的名校背景，还有他侃侃而谈散发出的自信都让君合的领导对他期望很高，都期待他能展现出非凡的能力。

但是在后面的实习中，王骁不佳的表现不仅让场外的观众开启群嘲模式，也让一开始就对王骁赞赏有加的史律师转变了对他的态度，对同事表示："我们也得调整，对他的认识。"让我印象最深的一期，就是王骁居然在谈判的过程中质问对方代表律师的法学知识。王骁的这个行为让他的带教律师郭律师在对方代表律师走后，直接当面对王骁说："你带着你的斯坦福挂绳，你是在显摆，在炫耀吗？"隔着屏幕也能感觉到当时王骁的难过，他的名校背景竟然成了他最大的负担。

但是好在最后王骁顶住压力，发挥出了自己真正的实力，用自己的专业能力再次赢回了君合所有领导的认可，也让很多网友选择自愿收回了说王骁不行的言论，并且向王骁道歉，心诚悦服地称赞他!

虽然王骁的结局是好的，但并不是所有人都像王骁那么幸运，最后还有机会证明自己。其实，在人际交往中，有一个理论叫作期望值管理。如果一个人在一开始就给了别人很高的期望值的话，那么极有可能的就是这个人会在之后的表现中逐渐暴露出各种问题，从而使得别人越来越失望。

所以我们在面对别人对我们能力的询问的时候，既不能过度谦虚，也不能过度夸耀，我们最好的做法是适度保留，然后在实际行动中把自己真正的能力展现出来。因为只有表现出来的能力对领导来说才叫价值。

我们在工作中如何做才能更好地表现出自己的能力价值呢?

一、主动，做行动上的巨人

主动绝对是我们展现自己能力的必要条件。在遇到合适机会的时候，只要这个机会可以让我们变得更好，可以让我们成长并且与我们的能力匹配，那么千万不要害怕竞争，千万不能往后退。越是困难，越是要迎难而上。如果我们只是选择默默地当观众，那么我们就永远没有机会晋升，永远没有办法当主角，没有办法更上一层。

只要我们主动争取，积极行动，就算领导最后没有给我们表现的机会，但是起码能够在领导面前混个脸熟，让领导能够注意到我们，给领导留下一定的印象。

当然，如果我们争取到了机会，或者说，领导主动对我们委以重任的时候，我们不要轻易向领导许诺，答应领导自己一定会不出任何差错地完成任务。因为那样会提高领导对我们的期望值，这样我们后续的压力就会变大。我们最合适的做法就是用自己的行动顺利完成任务之后，再告诉领导自己是怎么努力完成任务的。这样领导会对我们的能力更加信任。

### 二、永远保持情绪的稳定

一个人表现出的情绪的稳定程度，从侧面反映出了一个人能力的大小。如果我们的情绪总是非常不稳定，那么领导就会认为我们是靠不住的人，因为情绪是一个人力量的传达。我们在工作中，一定会遇到很多匆忙的时刻，情绪忍不住爆发的时刻，但是我们一定稳住。

因为在强大的压力下，一个人的缺点是十分容易暴露的。保持情绪的稳定需要拥有强大的心理素质，而心理素质正是一个人软实力的体现。当别人都慌乱的时候，我们能够清醒并理智地站出来，这个时候我们看似什么都没有做，但是领导看在眼里，一定会在心里默默认可我们的能力。

### 三、充沛的精力

人是视觉动物，我们对一个人的判断一定是先观察这个人的外表。如果一个人一眼看上去丧气沉沉，一副没有睡醒的神态，那么我们在不了解这个人的时候，一定会默默觉得这个人不靠谱。我们没有精神的样子，会让人联想到这个人办事会不稳妥。当然从我们自身来说，如果我们一直熬夜，作息没有规律，我们的身体一定会吃亏，我们的精力将会持续下降，注意力很难长时间集中。没有充沛的精力，就算有特别强大的能力，我们也可能表现不出来。

### 四、维护人际关系

如果我们有能力，那么一定不能傲气。要肯定别人有价值的想法，不吝啬肯定别人的表达，能够从心底承认别人比自己强也是一种能力。因为只有自己在内心中觉得别人比自己强的时候，我们才会有更强烈的学习欲望。做到以上这些有助于我们在职场中良好人际关系的建立，良好的人际关系会也是我们能力的一种体现。如果你有良好的人际关系，那么就代表了你一定有很强的号召力、沟通能力和领导力。当然，良好的人际关系也会使得我们的心情比较愉悦。在情绪愉悦的环境中，我们更能展示出自己强大的工作效率。

以上四项都是为了我们能够在遇到机会之后充分展示我们的能力做准备。在领导眼里，别人说的，我们自己说的，还有我们自己感觉到的自己能力的大小都不算数，只有我们真真正正在实际中展示出来的能力才会被他人真正认可。那也是在别人眼中，我们真正的价值所在。

# 搭建自己的知识库

　　我们一定要学会搭建自己的知识库，因为现在网上的信息实在是太多了，不管是好的、不好的，有用的、没用的全部都呈现到我们面前。所以我们急需搭建属于自己的知识库，这样，当我们需要用到某一知识的时候，可以直接检索使用。

　　搭建自己知识库的另一个原因就是我们的脑容量是有限的，过多分散的信息不仅会导致我们有一种信息过载的感觉，还会让我们的大脑陷入混乱状态。而个人知识库的搭建，有利于我们理清信息，对信息进行分类，让我们的工作和生活更加有条理。

　　如何搭建自己的知识库呢？很简单，我们知道把大象放进冰箱分为三步。第一步是打开冰箱，第二步是放入大象，第三步是关上冰箱。搭建知识库，也一样可以简化为三步：第一步打开我们的大脑，第二步放入知识，第三步提取使用。接下来，我具体给大家解释一下这三个详细的操作步骤。

第一步：打开大脑

在平常学习的过程中，其实，我们的大脑是有选择地打开的，只是我们没有意识到罢了。就拿看书来说，我们看到自己感兴趣的知识，会不由自主地选择认真阅读和琢磨。但是遇到我们不感兴趣的晦涩难懂的知识，我们会选择快速浏览，甚至直接跳过。所这个时候，我们的大脑并不是完全打开的状态。如果想要搭建自己的知识库，我们首先就要有意识地在学习中把自己的大脑完全打开。因为如果不完全打开，新的知识就不能进入到我们大脑中，就和冰箱门没有打开，大象进不去是一个道理。

那是不是我们什么信息都能往自己的脑子里塞呢？如果那样的话，我们的大脑就变成垃圾场了，并且进入大脑的东西是很难拿出来的，被污染了很可能就是影响终身的，我们必须要有所防范，怎么操作呢？我们要给自己的大脑安装三个过滤器。

1.区分信息与知识

一切我们听到的，看到的，闻到的，感觉到的都可以称之为信息。知识是指那些被验证过的，正确的，被人们相信的概念、规律、方法论等。信息有真有假，也有时效。而知识有积累，有迭代。我们要学习的是知识，而不是信息。

2.区分经验和规律

我们经常听成功人士的分享，说他们是如何做到成功的。他们分享的叫作经验，经验并不是规律。因为存在幸存者偏差，成功的经验有很大的偶然性。规律是能够复制成功的因果关系。我们学习的是规律而不是经验。

3. 区分劣质和优质

面对如今海量的图书和扑面而来的互联网资讯，我们可能会感到无所适从，根本不知道从哪里下手，进而产生了信息过载的焦虑。事实上，信息过载不是因为信息太多了，而是我们知道的太少了。虽然听起来有点反常，但是我们信息过载是因为我们的知识量还不足够分辨内容优劣。想要获得分辨内容优劣的能力，很简单，见真识假。好的看多了，我们自然就能够分辨什么是差的了。


**第二步：放入知识**

打开我们的大脑后，接下来，我们就应该把知识放入大脑了。那么这个知识从哪里来呢？有两个途径：

1. 自我学习循环

经验不能指导行动，因为经验有很多的偶然性，第一次成功了，但是第二次不一定成功；别人成功了，自己不一定成功。

只有把经验升华成了知识、规律，才能指导我们的行动，这就是著名的库博学习圈。通过自己的行动，形成经验，对经验进行反思，提炼出内在的规律，并通过这个规律验证同样的行动是否能够得出同样的结果，如果可以，那么这个规律就是知识。

2. 向巨人学习

一个人的时间有限，我们不可能把所有的经验都自己经历一遍。我们的顿悟可能只是别人的基本功，我们遇到的 99% 的问题，前人基本上都已经遇到过了，并且已经将他们的经验变成了一本本图书，我们只需要拿来学习就可以了。

由于要学习的知识太多了，可是脑容量是有限的，我们记不住怎么办呢？方法就是要给自己的大脑建立一个图书馆，具体怎么建呢？

在进行具体建设之前，我们应该先设计一下图书馆的标准。第一，存书、取阅方便；第二，查书要方便；第三，书要可以做笔记；第四，常用的书籍要放在显眼的区域。

制定好标准之后，我们就可以建设自己大脑的图书馆了。

1. 先给大脑接一个硬盘，储存所有的知识。

首先我们要明白，我们的大脑是用来思考的，而不是用来储存所有知识的。有的时候，我们大脑的记忆力很不靠谱，而在记忆力方面，计算机是强项。有技术的便利，我们就要利用技术的便利。我们可以利用计算机的记忆能力，就相当于给我们的大脑外接一个硬盘，来帮助我们储存知识。

2. 把知识分类归档

我们日常收集到的有些内容是很零散的，特别是在如今的移动互联网上，我们看到的内容多而杂。如果不做管理，他们就像在一个空屋子里撒了满满一堆纸。所以必须给我们的图书馆做分类。

3. 把知识结构化

虽然有了分类，我们的知识点看上去已经不是那么杂乱无章了，但是他们之间还是不成体系，我们需要把知识结构化！不然就像买了一堆汽车零件回家，每一个零件看上去都很好，但是堆在一起，仍然是一堆零件，而不是一辆车，根本无法使用。

### 第三步：提取使用

打开大脑，放入知识，形成结构，我们的个人图书馆就会慢慢筑建成型。但是如果我们就此停止学习的话，我们顶多就是一个图书管理员，管理着一个庞大的图书馆，但是却从来不使用。所以想要把学到的知识提取出来，真正变成自己的能力，不断让自己的图书馆变得更加完美，我们就要做到知行合一。最终，还是要不断在现实生活中，练习使用。

# 不要羞于展示自己

我们中国人似乎都有一种天生内敛的含蓄，我们很少能做到像西方人那样大胆自然地展示自己。但是无形之中，我们羞于展示自己的行为，会让我们错失很多的机会，会让很多人低估我们的能力与价值。

我们要克服在职场中羞于展示自己的心理，就先要弄明白我们害羞的根本原因到底是什么。

在回答人为什么会害羞之前，我们要先问自己几个问题。

与陌生人讲话对你来说是一件很困难的事吗？

你在与人交往时是否感到缺乏自信？

你在社交场合是否觉得不自在？

在与自己不熟悉的人在一起时，你是否容易紧张？

如果你的回答不是否定的，那么说明你是害羞的。

害羞是一种人格特质，在职场的人际交往中的表现为感到不自在，紧张，避免与他人接触以及情感上的社会性抑制。害羞的人不敢与他人对视，当别人对他讲话时，他总是在退缩，自己讲话的声音很小，显得不愿意与他人交谈。

那么害羞的影响因素到底是什么呢？

从心理因素来看，主要包括三个方面的原因。首先，害羞的人缺少社交技能，缺乏与他人交往的能力。害羞的另外一个原因是社交焦虑，即我们在他人面前有一种不安的感觉，我们每个人都会在某些特定场合产生这种紧张的情绪。第三个原因是害羞者头脑中的自挫偏见——思维的扭曲与失真影响到行为的表现。特别是我们在职场工作不顺利的时候，总是过分责备自己，毫无必要地自我批评。

使我们害羞的情境因素是什么呢？从情境因素来看，我们害羞时，是和面对的对象的社会地位、自己与别人的差异程度，以及自己成为注意焦点等因素相关的。

从人格动力学方面来说，一般人认为，之所以害羞，是因为他们太专注于自己的感受和想法。但是心理学家奇克和巴斯的研究结果却与此相反，害羞与个体性自我意识无关，个体性自我意识是指对自己的感受、想法及幻想的关注；公众性自我意识则指对自己作为一名社会成员的关注。

那些公众性自我意识强的人更关心别人对自己的评价，因此，他们总害怕自己说错话，做错事。在职场中，他们觉得很多同事都能一眼看透自己。这种感觉会引发他们的尴尬和无所适从，导致他们越来越不敢在公开场合展示自己。

知道害羞的原因之后，我们如何才能摆脱害羞的心理，勇敢地展示自己呢？

### 一、摆脱对他人看法的过度依赖，建立自己的评价体系

我们刚刚提到过自挫偏见和公众性自我意识，那些自挫偏见和公众性自我意识强的人很关注别人对自己的评价，所以有这类想法的人非常羞于展示自己。我们需要明白一件事，那就是别人真的没有那么关注我们，所以我们也根本没有必要在展示自己的时候过于担心别人对自己的看法。另外就是别人并不都是了解我们原来的基础的，别人对我们展示的评价也并不一定是客观的，我们还需要有自己的评价体系。当我们用自己的评价体系觉得自己的展示有进步的时候，我们就应该对自己感到高兴。

### 二、塑造积极的环境，远离压力源

当我们决定在职场中大显身手，展示自己的时候，我们就要给自己塑造积极的环境。比如把我们的工位收拾得整洁一新，还可以买些植物点点缀，把电脑桌面换成能够激起我们动力的壁纸，给自己写下打气的纸条贴在我们工位显眼的地方，通过积极的环境，暗示自己不要再害羞，要勇敢。除了塑造积极的环境之外，我们还需要适当远离压力源，比如我们可以减少与领导目光的接触，或者把职场中所有的人，都假想成演员，把职场当作片场，假装自己只是

在演戏，尽量降低压力源对我们的影响。

### 三、经常对自己擅长的领域进行展示

我们在由害羞到大胆展示自己之前，一定要先有一个建立成就感的事情。从自己擅长的领域开始进行对自我的展示，可以是我们更加容易接受，比较有把握，不容易害羞和紧张的领域。更重要的是，通过这样的操作还可以一点一点消除我们对自己的无力感，增强自己在公开场合中的掌控感。

### 四、直面"井绳"

我们很容易陷入"一朝被蛇咬，十年怕井绳"的陷阱中。只要我们在公开场合有过展示自己失败的经历，我们就很容易陷在里面，走不出来。我们对自己以往展示失败的经历越是在意，越是忘不掉，我们就越是容易不自由自主地逃避。这种逃避会使我们错过很多可以改变命运的机会。

所以我们必须要逼着自己面对"井绳"。我们直面自己的恐惧和失败的时候，也是我们摆脱胆怯和害羞的时候。

第七章

责任逻辑：

深度挖掘
缺乏责任感的原因

# 对自己的工作，不要推诿

一次，我被分配和公司最帅气的小伙子合作完成一项工作。刚和他接触的时候，看着他的外表，不禁深深感叹，真是长得养眼啊。但是他迅速用自己的行动打破了我对他刚刚建立的好感。在我们两个选择工作任务的时候，他选择的都是很轻松的工作内容，把脏活累活都留给我干了。说实话，我当时真是气不打一处来。本来想跟他翻脸，但是觉得反正只合作这一次，多一事不如少一事，就忍了下来。

但是后面的合作中，他的行为越来越过分。他把属于自己的工作，又分给了那些原本不用负责这项工作的人。他特别喜欢偷奸耍滑，在没有领导监督的时候，他都是提前下班。

我当时一个人干着两个人的活，那段日子真的是累坏我了。但是后来这个工作出了很多差错，按照分工，这些差错应该由那个男孩负责。但是男孩在领导还没有批评他的时候，就连忙说，这是属于员工小李和员工小赵的责任，因为出了差错的工作内容是那个员工小李和员工小赵完成的。

领导在听的时候，已经明显有点生气了。但是他还是十分没有眼力见儿地解释着工作的差错，绝对不关他的事。最后领导气愤到拍着桌子质问他："如果这些出错的工作任务都是别人完成了，那么你告诉我，你到底完成了什么工作？"这个小伙子没有想到领导竟然会发那么大的火，他支支吾吾什么都没有说出来。最后，在我走出领导的办公室后，领导开始非常生气地批评他。

不仅如此，老板最后知道我在这项任务中的辛苦之后，还补偿了我一笔奖金，给我调到了更好的工作岗位。那个小伙子与我截然相反，他被扣了一笔钱，还被降了职。后来，他又在工作中，开始偷奸耍滑，把自己的工作推诿给别人，最后直接被公司开除了。

在工作中，对自己工作来回推诿的人是走不远的。不仅仅是职业生涯走不远，从人生意义的角度来说更是走不远。

因为职业精神源头是责任，人活着是需要一定意义的。前几天看到一个街头采访，很让人动容。采访对象是一个道路清洁工老爷爷，他带着满足的笑意面对着镜头说："人家坐在办公室里，研究航天宇宙飞船是为国家做贡献，我年龄大了，能做的事情不多，但是我扫大街也是为国家做贡献。我很满足，我觉得我自己活得有意义，有奔头。"

自己的工作对大家是有益的，这就是我们的工作赋予我们的意义。如果我们能够感受到自己的工作对于别人的意义，我们就会从中发现无穷的快乐，但是如果我们对待工作选择相互推诿，那么我们的人生一定失去了很多意义。除了为人生意义，还有以下原因也不能让我们对自己的工作进行推诿。

## 一、不推诿的人是成熟的人

负责任、尽义务是一个人成熟的标志，所以不推诿的人才是一个成熟的人。英国哲学家玛丽·麦金莱在《人与兽》中指出："存在主义最精辟最核心的观点就是把承担责任作为自我塑造的主旨，抛弃虚伪的借口。"如果我们对工作推诿，总是不愿意承认自己的错误，那么说明我们对自己的塑造是失败的。不仅如此，领导和周围的同事从我们身上感受不到敢于担当的品质，那么领导是不会重用我们的，如果我们在工作中，已经习惯了推诿，了解我们的同事一定会不愿意和我们合作，久而久之，我们就会被同事抛弃，容易被大家一起抵制，我们成了最不受欢迎的人，很多同事都会对我们怀有敌意和怨意，不愿意与我们公事，我们就会被逐渐边缘化。如果因为我们的推诿造成了工作的重大失误，那么我们最后会连自己的工作都丢了。

## 二、不推诿会带来额外财富

很多人在脑海里都会产生这样的观念："只要有机会让我坐上领导的位置，我一定会做得比他更好。"但是我们却忽略了，其实大部分的领导确实承担着比我们更多的责任。上帝是公平的，他会根据每个人所负责的大小来分配奖赏。

现在的很多员工都对责任有恐惧心理，希望公司能够给予一个更宽松的环境，希望能从领导那里得到每一项工作的明确指示，也希望上级复查我们完成的每一项工作，如果出现问题，可以方便我们推诿，拉上上级一起承担责任。

但是很明显，这样的员工充其量也就是领导手臂的延伸而已，没有独立的人格，不能开动自己的脑筋，只能做别人的附属物，对要求独立自主地去思考的工作是无法胜任的。如果我们在工作中能够养成不推诿的精神，养成对目标压力的敏感，擅于动脑筋解决工作中遇到的问题，那这些就会成为我们职业生涯发展过程中享受不尽的无形财富。

### 三、不推诿意味着成功

每个领导都很清楚自己需要什么样的员工，哪怕你只是一名做着最不起眼工作的普通员工，只要你工作认真，不推诿，担当起了你的责任，你就是领导最需要的员工。

社会学家戴维斯说："自己放弃了对社会的责任，就意味着放弃了自身在这个社会中更好的生存机会。"一个在工作中推诿的人，有可能他在无意中就推走了自己的运气。只要我们不推诿，我们就在人前显得有担当，那么就会成为我们成功的开始。

因此，对待工作，我们一定要拿出负责任的态度，该是自己的工作内容，就绝对不推诿给他人，对我们自己负责，尊重他人。不推诿，我们才能在职场中，更容易获得成功，走得更远。

# 不要有侥幸心理

　　我在学生时代，非常喜欢耍小聪明。就拿背课文来说，我宁愿抱着侥幸心理，宁愿自己在老师点人抽查的时候担惊受怕，也不愿意踏踏实实去背课文。其实，说白了就是懒，就是不愿意勤快一些。

　　后来，我把我学生时代的小聪明带到了职场上，当然，我不是经常耍小聪明，也只是偶尔。在我抱着侥幸心理耍小聪明的时候，我像期待老师不会抽查到我一样，来期待领导不会发现我没有认真完成工作。直到后来有一次，因为自己的疏忽，公司损失了一笔钱。领导发了很大的火，他甚至当着很多同事的面直接说我根本就没有最基本的职业操守，还批评我说，我那根本不是在工作，就是抱着侥幸心理在赌博。

　　总之，那次确实是被领导劈头盖脸地好一顿臭骂。我哭过之后，认真反思了一下，我觉得我自己确实需要做出改变了。因为我

　　　　　　　　　　破局：全面提升你的竞争力

觉得，我那段时间，感觉自己越来越虚，是一种心理上的虚弱。虽然自己靠要小聪明节省了不少力气和时间，但是却花了更多的时间用来担惊受怕。而且，我认真回顾了一下，我那段时间偷懒的频率越来越高，面对工作，我好像已经习惯性地应付和要小聪明了。这不就是堕落吗？我工作上的差错这一次领导可以给我解决掉，我挨一顿骂就可以，下一次呢？

想明白了这些，我就下定决心要改变自己存有侥幸心理的毛病。当然，那是一个很痛苦的过程。但是当我开始脚踏实地、认认真真完成工作的时候，我是能够感受到自己是有进步的，最关键的是，我在心中开始有了底气，面对领导的询问，我不再担惊受怕，无论领导怎么问，怎么检查，我都有底气去回应。

偶尔看到同事用要小聪明的方式非常轻松地完成工作，我也会羡慕，但是却不会再那样去做。因为我已经习惯了经过辛苦工作之后，获得的安心又坦然的感觉。我十分享受那种安心和坦然。

现在想想，侥幸心理的根源就在于"侥幸"二字，我们总是在心里告诉自己"万一很幸运就成功了"，那是一种对自己运气好的强烈自信与预期，并且对于"万一"的后果有非常强烈的渴求，妄图通过偶然的原因去取得成功或者躲避灾难。侥幸心理，是一种信念的迷失，缺少坚持，是对事件把握控制力上的懒散。

一旦侥幸心理在我们的心中萌芽，一旦我们尝到甜头，那么我们对侥幸心理就会上瘾。就像吸毒一样，很难回头。吸毒的人，在刚开始吸的时候，可能也只是怀着试一试的心态，也对自己的自制力非常有信心，觉得自己一定不会上瘾。于是，最后就变成了瘾君子。而我们一旦尝到侥幸心理的甜头，我们也会变成这种心理上的瘾君子。

在侥幸心理的作用下，闯红灯的人往往会觉得自己不会是出车祸的那一个；开车不系安全带的人，往往觉得自己不会出现什么交通意外；炒股的人往往觉得自己不会是被套牢的那一个；橱柜偷东西的人往往觉得自己应该不会那么容易地被抓到。等到最后发现自己陷入了侥幸心理的陷阱时，为时已晚，根本就没有办法回头了。

其实，侥幸心理的内在实质是把自己的命运走向交给未知的运气或者说是概率。这种心理跟我们的价值观有关系，如果要克服的话，需要我们修正自己的价值观。

### 一、要学会脚踏实地、务实的人生态度

踏实的人，有责任感的人，自带着一种隐形光环，那是一种靠自己的努力去赢得他人尊重与自己内心平静的姿态。

踏实是一种态度，我们要把这种态度融于自己的价值观。不要总是幻想自己会是幸运的那一个。越是追求依赖幸运，幸运就会离我们越远。运气这东西永远说不清道不明，但是它好像是一个非常有脾气的小公主。你越是主动追求她，她越是鄙视你，越是远离你。反而我们踏踏实实忘记去追求运气的时候，她便会主动接近我们。其实，世界上的好运没有那么多，大多数人的好运气都是自己积累努力的结果，只不过大家没有感觉到罢了。就算得到了自己不

该得到的运气，那么这个运气也很难长久。我们终究还是要靠我们自己。

## 二、把侥幸后的失败当作奖赏

前面说过，一旦我们尝到侥幸心理的甜头，我们就会很难戒掉。但是如果我们侥幸后遇到连续的失败，我们应该为自己感到庆幸。那说明上天是在以这种方式敲打我们，让我们清醒过来。

越早经历侥幸的失败，我们就能越早醒悟过来。在抱着侥幸心理做一件事的时候，如果我们失败了，我们不要抱怨命运的不公，因为它想让你用自己真正的努力在后面的日子里获得更好的东西。所以，我们要把那种失败看作是一种奖赏，一种提醒。

## 三、直接承认错误是比侥幸更好的策略

学生时代，没有背会课文或者没有写完作业，我们抱着侥幸心理赌老师不会抽查我们的背诵或者检查我们的作业。变成成年人之后，我们又侥幸期望自己在工作中偷的懒，领导不会发现。不管是学生时代的我们，还是成年以后的我们，似乎都没有直接承认错误的勇气。直接主动承认自己存在不足和错误是一种对自己负责任，也是对别人负责任的表现。我们应该学会主动直接承认自己的错误。

其实，不管是侥幸赌输还是赌赢了，都不如我们直接承认错误好。因为如果我们侥幸赢了，我们之后对侥幸心理更加上瘾，如果

我们赌输了，那么我们不仅会得到应有的惩罚，还会让人更加看不起我们。

　　但是如果我们直接向别人承认自己的错误，那么别人一定会看到我们的态度，我们不至于输得太惨烈，那一刻的我们，选择主动认错，也意味着我们开始真正对自己负责，开始真正尊重别人。

　　　　　　　　　　　　　　破局：全面提升你的竞争力

# 要敢抓机会，要敢担责任

　　我的同事小孙是一个非常讲究实干的姑娘。一次，她在工作中犯了一个不算太大也不算太小的错误。领导当时批评她批评得确实有点狠，一点面子都没有给她留。要是其他人听见了估计会羞愧得低下头，但是她并没有丝毫躲闪，她很专注地听完了领导对她的批评，甚至在其间还做了笔记。后来领导对她说话的怒气越来越小，直至完全平静。她在领导批评完之后，很真诚地对领导说："错了就是错了，这次确实是我的错误，我会保证在以后工作中不再犯类似的错误，我会承担起我应该承担的责任。"领导听完她的话之后，跟之前相比，似乎变了个人，就十分没有脾气地说了一句"下次注意"，就放过小孙了。

　　不巧，那天我也犯了一个小错误。我就学着小孙，对领导说了类似的话。但是领导听完我的话却变了态度，又训斥了我半天。最后对我说："小孙抓住了承认犯错误的机会，她是主动的，但是你没有，你只是在模仿。她已经在为她错误的行为负责了，但是你只是为了少挨批评。"我听完之后，不得不感叹，领导眼光确实是毒啊。

当我们的工作中出现问题，如果是我们自己的责任，我们就要抓住机会，在第一时间承认自己的错误，勇于承担自己应该承担的责任，并且设法补救。慌忙推卸责任并置身事外，以为领导没有办法察觉，这种做法是不明智的。要知道，领导之所以能够成为领导，能够排除万难，建立他的事业，他必有他的过人之处，对问题的责任自然能分辨谁是谁非。

具体哪些行为能够帮助我们勇于抓住机会，勇于承担责任呢？

## 一、热爱自己的本职工作

优秀的员工业绩始于源源不断的工作热忱。如果我们对一份工作是充满热爱的，那么我们就会喜欢自己的工作。当然，并不是人人一开始都满意自己的本职工作。没有热爱，我们可以培养自己的热爱，如果实在培养不起来，那也没有什么大碍。因为不可能每个人都喜欢自己的工作。只是，从抓住机会和承担责任的角度来说，我们应该热爱自己的本职工作。

也许工作中的不快常常让你感到沮丧、受挫，以至于我们的热情跟着燃烧殆尽。不过我们可以遵循下面的方式来改善自己，让自己热爱自己的本职工作。

（1）以你的产品或服务为骄傲。

（2）展现你的热情，热情能够感染他人。

（3）相信你自己。

（4）定期重燃热情，热情不会一直维持在高峰，它就像电池一样，使用一段时间后需要重新充电。

（5）与热情人士为伍。

想要从内心愿意承担责任，我们就要对自己的工作充满热爱。满腔热情地投入工作，主动创造性地去工作，而不是被动应付工作。

我们是否热爱自己的工作所体现出来的精神面貌完全不同的，所完成工作的质量和反映出来的工作效率也是完全不同的。我们热爱自己的工作时，所呈现的充满干劲儿的精神面貌，会更加容易让我们抓住机会，得到机会。


## 二、树立胜任工作的信心

心理学和医学的研究成果都表明，人的潜意识中蕴含着强大的能量。这种能量是可建设性的，但也有可能成为破坏性的力量。如果运用得当，将有助于我们达到目的，而心理失误使你处处不能如愿。

我们当中可能会有人有过这样的经验。当我们对一件事信心百倍时，我们就会非常自如地应付各种问题，最后圆满地将事情处理完毕。但是如果我们犹犹豫豫，怀疑自己的能力，那么结果就难说了，我们的疑惑将导致我们的潜能恶性释放，我们产生的恐惧感，使我们正常的智力受到抑制，我们就会变得畏缩、迟钝，原本简单的问题一下复杂起来，结果我们会发现事情被搞得一团糟。

所以我们一定要树立胜任工作的信心，只有这样，我们才能更好地抓住机会，承担好自己应该承担的责任。

### 三、运用高效的方法做正确的事

为了能够抓住机会，更好承担我们的责任，我们还要事先提升自己的工作效率，为发挥出我们应有的水平做准备。"正确做事"强调的是效率，其结果是让我们更快地朝目标迈进。"做正确的事"强调的是效能，其结果是确保我们的工作是在坚实地朝着自己的目标迈进。效率重视是做一件工作的好方法，如果我们有了明确的目标，确保自己是在"做正确的事"，接下来要"成事"，就是方法的问题了。

运用高效的工作方法是克服无为忙碌，获取成就的最佳途径。化繁为简，把复杂的问题简单化。我们在工作的时候，也要区分先后顺序，把工作秩序条理化，这样就可以防止忙乱，获得事半功倍之效。另外，我们更要做到灵活机动，让自己的工作方法多样化，不管发生什么情况，我们都可以承担起属于自己的责任。

### 四、把工作尽量做到尽善尽美

如果我们在完成工作任务的基础上，还能把工作做到尽善尽美，那么我们就会因为自己的出类拔萃更容易被领导注意到。从而，相比于其他同事，我们得到更多发展机会的可能性就会更大。

所以在工作中，事无大小，每做一件事我们也要尽力追求自己完成得尽善尽美。这是我们向成功者靠近的必经之路。

# 从未来可能的失败倒推

从长期来说，有责任心肯定是有利于我们的发展的。我们的大脑是短视的，所以我们在执行命令的时候，只能感受到执行时候的痛苦，但是无法感受到长远的获益，所以我们往往不能长久地坚持下去。

我们到底怎么样才能深刻地意识到责任心的重要性呢？很简单，我们可以利用倒推的方法。倒推是一种很好的思维方式，只要我们把结果先呈现出来，我们就可以知道责任心的重要性了。

在进行具体的倒推过程之前，在这里先给大家介绍一下倒推思维。倒推思维，顾名思义就是从正常思维倒推回去。常人思考，从0到1；倒推思考，从1到0。当我们设定好情景之后，从最后的情景一步一步往前推，那么我们视角就会发生转换，得到我们意想不到的效果，可以更加直接地寻找我们想要弄明白的东西。

举个例子来说：

破局：全面提升你的竞争力

假如我将来失业了，那么最有可能造成这个结果的原因是什么呢？

1. 我的工作能力有限，跟不上公司的发展速度。

2. 由于宏观的经济因素，所以我被裁员了。

3. 因为自己频繁跳槽，导致很多公司不愿意要自己。

4. 自己突然感觉特别疲惫，所以选择裸辞了。

5. 自己发生了什么意外，导致我不能正常工作。

认真思考一下以上几项原因，可以发现，选项一是最有可能是导致我失业的原因。因为选项二发生的可能性不大，所以可以将它排除了，选项三和选项四虽然有可能发生，但是根据现在自己的选择，它们发生的可能性很低。至于选项五，因为这个选项发不发生是不受自己控制的，所以我也可以直接选择忽略不看。

通过这个例子我们一定对倒推的思维方法有一定的了解了。那么继续我们的主题，我们如何从未来的失败中倒推出责任心的重要性呢？

我们可以再做一个假设：如果未来我们被自己的公司开除了，那么有可能是什么原因呢？

1. 我们得罪了领导。

2. 我们工作出现了重大失误。

3. 公司破产了，我们只能被迫离开公司。

4. 我们违法了，利用自己的岗位进行犯罪了。

5. 我们的能力太差劲，跟不上公司的发展速度，我们已经没有所谓的竞争力了。

……

还有很多，在这里我们就不一一列举了。

从我们倒推的原因中，我们思考一下就会想得到，除了选项四，其他选项都有很大的可能会出现。但是在剩下几个选项里面我们进行比较的话，还是选项二是我们被开除的原因更大一些。因为我们没有必要去得罪领导，除非是自己不想干了。另外，照公司目前的发展速度和宏观经济的发展情况，公司破产的概率还是很小的。至于选项五，虽然我们都是普通人，能力谈不上多强，但是我们因为能力太差劲被公司抛弃的可能性还不算太大，毕竟，我们如果待的公司特别好，那么公司内部就会有一定的竞争性。而公司内部的竞争性，也有可能倒逼着我们提升自己的能力。

现在我们再对选项二进行倒推，我们的工作出现了重大失误，为什么我们的工作会出现重大失误？

1. 我们粗心，不认真的习惯。

2. 因为被别人甩锅。

3. 我们自己偷懒导致的。

4. 由于自己无法控制的意外情况的出现。

纵观一下这四个选项，我们会发现，这四个选项，让我们工作出现重大失误的概率几乎都是差不多的。我对这四个选项再次进行倒推，但是到这里，已经没有必要了，我们可以看一下四个选项，总结一下，解决这四个问题的核心是什么呢？很简单——责任心。

　　　　　　　　　　破局：全面提升你的竞争力

因为我们缺乏责任心，所以我们就算知道自己存在粗心不认真的习惯，我们也不会想着要去改正。因为缺少责任心，所以我们在潜意识中就会认为公司的利益和我们根本就没有多大关系。所以我们最后才会放任粗心习惯的存在。直到最后我们在工作中出现了重大失误，所以我们被公司开除了。

　　选项二跟我们的责任心也是有关系的，因为如果我们真的做到了对自己工作十足地负责的话，那么别人就算想要甩锅给我们，那也是非常困难的。别人能够轻易甩锅给我们，那说明我们的工作还是存在一定的缺陷。

　　选项三我们偷懒的根源，是我们觉得自己对待工作可以得过且过。我们怎么舒服怎么来，这也正说明，我们是缺乏责任心的。所以我们才会放任自己偷懒，我们不觉得自己应该承担起对自己工作岗位的责任，反而消遣度日。所以我们的偷懒最后也会让我们的工作出现重大失误，最后也是造成了我们被公司开除的结局。

　　选项四也会跟我们的责任心有联系吗？有的，如果我们的责任心足够强，那么我们抵御意外情况出现的能力就会提高，当然，选项四中有太多不可控制的因素，因此我们可以撇开不谈。

　　综上所述，我们透过未来自己的失败，就能看出对工作怀有责任心是多么重要的一件事情了。为了避免未来可以预见的失败，我们现在一定要行动起来，装备上责任心，承担起自己应该承担的责任。

第八章

沟通逻辑：不断地站在他人的角度看问题

# 丢掉以自我为中心

　　前段时间，某明星的那句"我不要你觉得，我要我觉得"火遍大街小巷。这么简单的一句话为何在短时间内迅速成为网络热梗？很简单，因为这句话戳中了我们内心的某个熟悉的角落——我们身边确实存在一些这样的人，只在意自己的想法，不关注他人。这种人总结起来就是过度以自我为中心。

　　那些以自我为中心的人，有时候行为和语言无礼到让我们这些正常人都已经感到怪诞了，但是在他们的世界中，他们觉得他们的行为和语言再正常不过了。

　　我的一个漂亮又温柔的女性朋友，经过另外一个朋友的介绍认识了一位形象气质俱佳的男士。因为两个人都到了适婚的年纪，再加上两个人对彼此的印象都不错，所以两人的感情迅速升温，没过多久，就进入了谈婚论嫁的阶段。在我们周围所有人都认为他们两个马上就要喜结良缘的时候，我的那个女性朋友突然跟我说她跟那

破局：全面提升你的竞争力

个男士没戏了。

我听到这个消息，吃惊的同时也很好奇，因为就在前一段时间，我的这个女性朋友还向我撒狗粮说，自己能够遇见那位男士，真是自己的幸福。怎么突然之间就没戏了呢？

听完我那位女性朋友的解释，我才明白，让我这位女性朋友决定结束这段关系的是因为她觉得那位男士太以自我为中心了。在就要领证的前夕，男士和女士在吃饭时闲谈，男士对女士说："结婚以后，你就别工作了，我也到了该要孩子的年纪了。我的计划是结完婚，咱们就赶紧准备要孩子。你也知道，我工作很累，所以教育孩子还有照顾父母的事情就需要你多操心……"

在男士还没有说完的时候，我的这位女性朋友忍不住说："我很喜欢我现在的工作，就算是结了婚，我也不打算辞职，第一年要孩子太早了，我不想这么早要孩子。"男士竟然打断她说："我以为在这一点上，我们是有默契的。咱们俩都已经走到这一步了，我认为你如果足够爱我，那么结完婚之后马上辞职生孩子根本就是不用说的事情，我不明白你为什么要跟我唱反调……"

最后的结果就是两人不欢而散，一段感情就这么结束了。我的这位女性朋友说，她不跟这位男性朋友结婚，算她躲过一劫，因为这位男士对于未来的规划都是以他自己的意愿出发的，他的那种语气，根本就不是商量，而是安排。他太以自我为中心了，我是奔着结婚过日子去的，他是奔着找保姆去的。

像我故事中的这位男士，他这种以自我为中心的行为到底是怎么形成的呢？

根据皮亚杰的自我中心理论，其实，每个婴儿生下来都是以自我为中心的，但是人成长的过程应该是一个去中心化的过程。其中，影响人的去中心化因素包括父母对孩子的溺爱程度，家庭关系的冷漠程度，父母的自私程度，还有孩子成长环境的控制程度等。如果一个孩子是在父母比较溺爱，父母的行为比较自私的环境下长大的，那么孩子去中心化的过程就会受大到阻碍，在后面就会表现出明显地高于同龄人的以自我为中心的行为。家庭关系冷漠，父母对孩子的成长过程控制过多，也会出现跟上面一样的结果。

以自我为中心的人，最让人难以忍受的就是他的行为已经引起周围人强烈的不舒服了，但是他们自己还没有感觉，还要继续固执己见。所以有的时候我们觉得自己并没有以自我为中心，可能只是一种假象。因为在我们已经以自我为中心的情况下，我们自己真的感觉不出来。

判断我们是不是出现了以自我为中心的行为，可以从下面这两个方面进行思考。

### 观察自己的想法

自问一下，当出现争端和矛盾的时候，是不是一点都不会换位思考，觉得自己就是正确的，甚至别人的解释都没有耐心听完，也根本不会判断对方说的是否真的有道理，就想打断，想马上证明自己是对的。如果对方不承认你的观点，你会觉得对方简直愚不可

破局：全面提升你的竞争力

及？甚至会因为对方不赞同你的观点，或者拒绝你的提议，你会产生怒火中烧的情绪？

## 观察你的行为

在朋友或者同事明显心情低落、情绪不佳的时候，你是不是丝毫没有感觉，觉得他们太多愁善感、矫情，所以根本不会上前安慰，还要勉强别人陪你吃饭、做事？开口说话时，是否通常都是以主语"我"开头？在对方确实没有时间去配合你的计划的时候，你在言语上是否会对别人进行攻击，或者表露出强烈的不满？是否会在不合时宜的时候向比较弱势一方的人显示自己的优越感？比如明知道对方被领导批评了，我们还跟对方分享自己被领导表扬的事情。

比改正以自我为中心更难的是意识到自己以自我为中心了。所以只要一个人意识到自己有以自我为中心的行为了，那么改变相对来说就会变得容易了。

改变以自我为中心重要的一点是，不要过分强调自己的感觉，而要把关注点放在事实上。比如你觉得螺蛳粉很难吃，你甚至接受不了它的味道。在朋友邀请你去吃螺蛳粉，或者说向你表达他很喜欢吃螺蛳粉的时候，你有两种表达方式。第一种是："螺蛳粉很难吃啊，你怎么会喜欢吃这种东西？"第二种是："螺蛳粉我个人确实是吃不习惯啊！"两种表达的实质意思都是自己接受不了螺蛳粉。但是明显第二种表达会让人感觉更舒服。因为第一种太强调自我的感觉了，第二种表达给人的感觉是在陈述一个事实，所以当然更容易被别人接受。所以不管做事还是说话，我们都要把事实放在第一位，不要过分强调自己的情绪。

另外就是多换位思考，多为对方着想。在想要强迫别人配合自己或者接受自己观点之前，一定要在心里暗示自己，谁都不可能是世界的中心。每个国家都很大，但是在世界地图上，没有任何一个国家是世界的中心，自己也一样。不要轻易被自己的情绪所左右，察觉到自己有以自我为中心的倾向后，不管是说话，或者做事，都要三思而后行。在要求别人为自己做事之前，站在对方角度考虑一下，假如有人这样要求你为他做事，你是一种什么样的感觉？慢慢地，随着我们换位思考进行得越来越多，这种行为慢慢地就会变成我们下意识的行为，那个时候，我们也就真正摆脱了以自我为中心的自己。

# 保持谦虚

我有一个非常优秀的程序员朋友，他接触编程已经20年了。他现在掌握的编程技术已经远超圈内的很多人了。但是我们却发觉随着他编程技术的提高，他整个人居然变得越来越谦虚，甚至谦虚到了过分的地步。一次聊天时，突然聊到学生时代他在我们这些普通人眼里骄傲到不可一世的样子。

他说："以前啊，小学、中学、大学一路走来，自己虽然不是天才，但是至少跟周围的人比起来，也算得上是优秀了。但是毕业之后，进了现在的公司，身边接触的都是985的硕士，就算是常青藤名校、清北的博士也很常见。最后发现真的是人比人气死人，原先自己对优秀的定义太肤浅了。对于编程这份工作也一样，越是深入学习，越是觉得自己不知道的越多。而且，我觉得，其实，所有的成功都是阶段性的。真正优秀的人都会认识到自己是不优秀的。"

在心理学中，有一个典型的效应叫作达克效应。达克效应是指能力越低的人越容易高估自己，能力越强的人越容易低估自己。

心理学家曾经在一份针对一百多万美国高中生的领导力的研究中发现，有 70% 的学生认为自己的领导力超过平均水平，28% 的学生认为自己的领导力水平至少达到了平均水平，只有 2% 的学生认为自己的领导力低于平均水平。

领导力中包含很多个维度，比如自信心、沟通能力、决策能力，等等。但是我们在评价自己是否拥有领导力的时候，大多数人都只会根据其中一个存在优势的维度对自己进行评价，而忽略在其他维度上的不足。比如自信心比较强的学生会认为自信是领导力最重要的要素，所以他会倾向于判断自己具有领导力。

这种从有利证据出发的选择判断，让大家容易高估自己的能力，因此很多能力中等的人往往最容易高估自己，因为他们或多或少存在一两个维度的优势。

实际上，在生活中也有很多这种现象，就如达尔文所言："无知的人比智慧的人更容易产生自信。"人的成长可以分为四个阶段，第一阶段：不知道自己不知道；第二阶段：知道自己不知道；第三阶段：知道自己知道；第四阶段：不知道自己知道。生活中的大部分人都停留在了第一个阶段，所以我们在生活中才会遇到那么多极其普通却莫名自信的人。只有极少数人到达了第四个阶段。他们基本上都是某些领域的领军人物了，但是他们却表现出比普通人更多的谦虚。比如北大数学天才韦东奕极其不喜欢媒体对他的采访和大肆宣传，他觉得接受采访十分浪费时间，但是面对学校宿管阿姨带

破局：全面提升你的竞争力

着亲戚的小孩问他小学数学问题时，他都是坐下来认真地回答，比一般人更有耐心，绝不发一点脾气，很令人动容。任是谁也能感觉到他的谦虚真的是发自内心的。

我们在职场上，如果感觉身边的同事都很没有水平，考虑事情太简单，工作操守太差。在我们对他们感到愤怒之前，我们应该先思考，自己是不是陷入了达克效应。因为如果我们能力真的很强，为什么我们会来到了这样一个环境？我们为什么会和这样一群人共处一室，共同完成工作呢？其实，会不会是我们本身水平也很有限，跟自己同事相比也是半斤八两呢？我们是不是也高估了我们个人的水平了呢？很残酷，不得不承认，我们自己是什么样的人，就很容易吸引什么样的人。就像我们相亲的时候，明明觉得自己很优秀，但是介绍人带来相亲对象总是差强人意，自己看不上眼。实际上，介绍人在给你介绍之前，是衡量过你们双方各自的条件的，给你介绍的对象的水平就证明了你在别人眼中的水平。

所以，为了避免陷入达克效应，做到真正的谦虚，我们应该用群体水平的反馈来调整。如果在职场上，同事之中，你感觉已经没有人可以和你相比肩的时候，你先别急着骄傲，而应该思考自己的环境是不是太封锁了？是不是该向外探索了？或者我们需要进入一个新的环境了？一旦我们开始自满，我们就会停滞在不知道自己不知道的阶段了，所以我们根本无法从内心深处做到谦虚，那么进步就无从谈起了。

我们只有不断地提升自己，就像我的那位程序员朋友，越是深入提升自己的专业水平，越能感知到自己的不足。我们把自己的水平提升之后，才有资格进入新的环境，才有机会遇见更多比自己优秀太多的人。只有这样，我们内心才会真正臣服，我们才能真正谦虚，谦虚是看到更大世界时所产生的敬畏。我们要不断审视自己，审视自己周围的环境，才会认识到自己真正所处的水平，进而才能做出改变。

高傲是升，谦虚是降。升是升起一道墙，阻隔了内与外的世界。谦虚是降下一道闸门，外界的信息源源不断地涌入，是真正的涌入，而不是堵在门口，最后丰富的是自己。保持谦虚，我们才有机会走到更广阔的地方。

# 你要遵守金字塔原理

很多时候，我们都会有这样一种感觉。在公司向大家展示自己的工作成果的时候，明明一切都完成得好好的，但是表达的时候总是表达不清楚。

事实上，我们已经尽力在表达了，但是效果往往不尽如人意。更可怕的是，在与别人讨论一些观点的时候，明明自己是对的，但就是表达不出来，自己有很多想说的，明明真理也站在自己这边，可话到嘴边就是说不出来。说出来的话也都是无关痛痒的，也很跳跃，事后，只能自己生自己的闷气。反观有些人，三两句话就可以直击要害，清楚又简洁。

为什么我们和别人在表达上有这么大的差距呢？背后的原因是我们的逻辑不如他们。思维逻辑也许不是马上可以提升的，但是我们可以利用一些表达技巧来提升我们的表达能力。在与人的沟通与表达中有一个重要的原理，叫作金字塔原理。

金字塔原理来自芭芭拉·明托的著作《金字塔原理》。芭芭拉·明托毕业于哈佛大学，她是全球顶尖的麦肯锡咨询公司史上第一位女咨询师。她提出的金字塔原理已经成为麦肯锡公司的标准，并被认为是麦肯锡公司组织结构的一个重要组成部分。

根据字面意思，金字塔原理肯定与金字塔有关。让我们先回想一下自己印象中的金字塔结构。从横向上来看，金字塔每一层的四面是均匀且相互平衡的。从纵向上来看，金字塔下面一层都是上面一层的基础，上面一层都是下面一层的收拢和汇聚。而正是横向和纵向上的共同作用，才整体构成了这样一个规整和美观的结构。

金字塔原理就是根据金字塔的模型提出的组织思想表达的方法，也是在纵向上和横向上形成某种结构，同时方便人们的形象记忆。金字塔原理的核心内容就是任何一件事都可以归纳为一个中心论点，而这个中心论点往下是论据，而每个论据本身又是分论点，而每个分论点再往下也是论据。同一层级的论点和同一层级的论据都是相互独立的。

在实际应用中，我们要做到结论先行，总结概括，归类分组。在表达的时候，先说结论，再说论据。举个简单的例子，假如我们乘坐的飞机晚点，我们不要上来就质问为什么飞机会晚点或者表达我们有多愤怒。其实，这样没有多大效果，我们也不会得到什么。我们应该直接对这个航空公司的负责人说我们希望他们对我们进行经济赔偿或者是协调别的航班来解决飞机晚点的事情。然后再说出自己的论据即飞机晚点对自己造成了什么损失。围绕自己的诉求这个中心论点展开表达。这样沟通才会有效率。如果我们开头先指责也没有什么意义，因为就算我们表达了很多指责，可是那些航班负责人并不清楚我们的诉求到底是什么。所以结论先行，不管是对于信息发出方还是信息的接收者，都很重要。

除了结论先行，还有一点非常值得强调，那就是在罗列自己的论据的时候，论据的数目最好不超过 7 条，因为人能够理解的思想或者概念的数量是有上限的，我们的大脑没有办法同时容纳 7 个以上的短期记忆的事情。通常来说，论据罗列 4 到 5 条是比较合适的。

构建金字塔结构也一定要做到总结概括。在我们对某个概念或者观点进行表达的时候，我们表达的东西一定要有概括性的，每个表达应该只有一个核心观点。在纵向上，上一层的思想必须是下一层思想的概括。在横向上，每一组的思想必须属于同一逻辑范畴，比如归属、现象、原因，等等。当然，概括的东西一定要言之有物，指向性要强。举个例子，比如在总结自己工作失误的原因时，不要总结概括表达：以上就是让我失败三个原因，而应该表达为：我这次失败是由时间把握不及时、沟通不到位、没有仔细审合同这三个原因导致的。

金字塔原理的最后一个要点就是要做到归类分组。因为我们的大脑更容易记住有共性规律的事物。在我们表达的时候，如果没有进行归类分组，我们的大脑就会非常混乱，听我们表达的人也会觉得云里雾里，听不明白。

在我们表达和组织思想的时候，我们可以利用四个比较容易掌握的归类分组的方法。它们分别是时间顺序，结构顺序，重要性顺序和演绎顺序。时间顺序我们是比较好理解的，就是按照事件发生的时间顺序进行归类就可以。结构顺序就是按照组成部分或者区域来划分。比如我们在对产品设计这项工作进行汇报的时候，可以从产品材料、产品性能、产品外观、产品定价这几个方面进行表达。重要性顺序就是按照事件的强弱或者重要性来划分。比如在和老板交流的时候，我们可以说完成这个项目最重要的就是资金问题，其次才是场地问题等。演绎顺序简单来说就是按照大前提、小前提、结论的顺序进行表达。比如这次工作的顺利完成主要归功于运营部的员工，小李是运营部的主要负责人，所以小李在这次工作中功劳很大。

金字塔原理除了以上结论先行、总结概括、归类分组这三个要点之外，还有重要的一点，就是要激发别人对自己观点的兴趣。怎么做到呢？可以用讲故事的方法来引出自己的观点。

使用讲故事的方法来引出自己的观点需要注意其中的套路，这个套路的法则就是设置背景（Situation）、冲突（Complication）和疑问（Question）。

比如我们想要安慰被领导批评的同事，告诉他被批评是一件很正常的事情。我们就可以把自己以前和领导发生矛盾，受到了批评的事告诉同事。作为职场新手的我们当时也很伤心，也不知道如何是好，但后来也熬过来了。所以受到领导批评是每个人都会遇到的事情，没有必要太伤心。

　　　　　　　　　　　　　　　破局：全面提升你的竞争力

以自己的经历为故事，让同事对故事感兴趣，同时也让他知道，在之前的某一个时刻，我们确实和他感同身受，通过我们自己的故事，让他对我们表达的观点和安慰更容易接受。

　　我们在沟通的时候，如果遵守金字塔原理，那么我们的表达能力一定会有很大的提升。第一次使用的时候，可能很不熟练，但是如果我们常常有意识地要求自己在日常工作沟通中反复训练使用，就会越来越熟练，从而还可以带动我们在逻辑思维上的提升。

# 领导心里的能力者，
# 一定要学会正确的沟通

　　小孙是一家公司的主管。公司的老板表面平易近人，脾气温和，实际上却对员工要求特别高，真正处理事情的时候，根本不讲任何情谊。但是得罪员工的事情，他总是借下层员工的手来替他完成，自己在公司一直唱红脸。

　　一次，新来的员工小王不小心打碎了公司的花瓶。老板看到后，连忙上去关怀，问小王是否受伤，表示花瓶碎掉是小事，但是小王受伤就是大事了，并且叮嘱小王以后千万注意安全，不要伤害到自己。小王听到很感动，对老板十分感激。

　　但是老板进办公室之后转头就对小孙说："那个被小王摔碎的花瓶成本是 200 块钱，让小王赔钱。"

　　小孙听完之后，感觉这事非常难办，心里也忍不住琢磨，自己这坏人是当定了吗？后来，他转念一想，有了主意。小孙走到小王的工位上，对小王小声说："小王啊，没想到你和老板关系那么好，你知道公司有规定员工损坏公司财务，要按照原价赔偿。那个花瓶原本800多，但是刚刚老板特意交代，说你工作认真负责，是个好员工，最近也很辛苦，就买个200左右的花瓶补上就行了。不让你赔偿剩下的钱啦。"

小王听完连忙向小孙道谢："谢谢孙主管，我马上就买一个新花瓶补上。"

不得不说，小孙这事干得确实漂亮。因为如果他直接管小王要钱的话，小王肯定会认为是小孙想让自己赔偿，小孙自己想贪这笔钱。毕竟老板跟小王交流的时候，都没有表示追究。所以小孙维护了自己在小王面前的形象。而且，小孙这样表达也保留了领导在小王面前的形象，正好也满足了老板的要求。可谓是一举两得。

在职场上，有两种人在老板面前特别吃得开，一种是业务能力特别强的人；另外一种就是比较会搞人际关系，比较会说话的人。所以为了我们在职场能够得到更好的发展，我们在提升自己业务能力的同时也要提高自己在职场中的沟通能力。

在沟通中存在1个核心思维模式和3条黄金法则，他们可以让我们与沟通对象之间的沟通更顺畅和更有效率。其中1个核心思维模式是把对方当主角；3条黄金法则分别是：只选取合适的聊天话题、分析并认可对方的情绪价值、用为对方考虑的方式结束对话。

### 1 个核心思维：把对方当主角

首先，我们一定要把对方当成主角，作为我们沟通的核心思维。比如我们在与同事进行交接工作的时候，在跟同事讲完工作交接的重点后，不要跟同事说"你听明白了"，而是换成"我说明白了吗？你还有什么想要了解的吗？"那么同事就会积极许多，因为你的表达让他感觉他自己是主角，心里会比较舒服一点。同事对你交代的任务就不会太反感和抗拒。

### 黄金法则 1：只选取合适的聊天话题。

面对性格各异，和我们亲疏不同的沟通对象，我们要谨慎地选择合适的话题。现在这个社会，我们都很注重自己的隐私，也很注重与人的边界感。如果与人沟通时选择的话题不恰当，那么就会让人觉得受到了冒犯，也会感觉你十分没有边界感。举个例子，比如和自己不太亲密的同事沟通时，就不应该为了好奇直接问别人的婚配问题，除非对方自己愿意说。聊到一个话题时，在明显感到对方兴致缺乏，没有再聊下去的意愿的时候，就应该适时地转移话题。千万不要认为这是一件小事，因为你无意中的滔滔不绝可能会让别人对你厌恶万分。

### 黄金法则 2：分析并且认可对方的价值情绪

人们在聊天的时候，提起某件事，实质上都可以归结为两个原因：一是想解决这件事所带来的问题，二是寻求这件事带来的情绪价值。什么是价值情绪呢？当对方跟你沟通时，内心真正渴望的是你可以重视他们的情绪，肯定他们，而不是给他们说一些正确但是却冷冰冰的道理。在一个人情绪比较不稳定的时候，你跟他讲再多的道理基本上用处都不大，他是听不进去的，因为他沉浸在自己的情绪中，你要先解决他的情绪，再跟他讲道理。比如公司单位实习生因为没有工作经验而没有在规定的时间内完成工作任务，因为感觉压力过大而崩溃大哭的时候，你开口就批评他，直接说他能力太差，他的情绪波动会更大，他工作的效率可能受到自己情绪的影响变得更低。我们跟他沟通的时候，应该先安慰他，表示自己对他的理解，肯定他悲伤的情绪，然后再鼓励他，最后在他情绪缓和后，再跟他说应该用什么方法提高工作效率。

### 黄金法则 3：用为对方考虑的方式结束对话

跟别人沟通开头很重要，但是结尾更重要。如果，在职场中，我们有事拜托别人，不要一直强调我们需要对方为我们做什么，我们一定要表达出自己是站在对方的角度考虑这件事情的。比如在给同事分配任务的时候，如果某一个人分配到的任务较多，我们就要可以告诉对方，自己会向领导汇报对方的工作量和对方对工作的贡献，这对对方年终奖的提升会所有助益。

更重要的是，最后结束对话的时候，不要特别生硬地直接说"我工作忙，有空再聊吧""我还有事，先不聊了""那行，就这样，不聊了，走了"，我们要用为对方考虑的方式来结束这场对话，我们可以体贴地说："耽误你的时间了，我知道你很忙，去忙吧，我就不耽误你了。""你还没有吃饭吧，赶紧去吃饭吧，我就不打扰你了。""太晚啦，让你熬夜了，赶快休息吧。""你最近很累吧，赶快休息一下吧。"

# 给别人说话的时间和机会

巴顿是二战时期美国著名的将领，一生指挥过很多大大小小的战役，在战场上有着举足轻重的作用，他做事向来雷厉风行。但是很多人知道巴顿将军并不是由于他卓越的战绩，而是因为发生在他身上的一次尝汤事件。

在第二次世界大战中的一天，巴顿将军为了显示自己对战士们的关心，决定视察一下军营的情况。他到达军营时，受到了战士的热烈欢迎，这使巴顿将军的心情很不错。于是他决定和战士们共进午餐，在吃午饭的时候顺便视察一下战士们的伙食情况。

当巴顿走进军队驻地食堂的时候，炊事兵正在准备做饭。他看到巴顿将军之后，连忙敬礼，同时大喊："报告，欢迎领导来视察，我是凯恩斯·韦汉斯顿。"

巴顿回礼，但他看到两个士兵正站在一个巨大的汤锅前面，于是命令道："很好，非常不错，让我来替士兵们尝尝这锅汤。"一边说着，一边径自走到了汤锅面前。

这位士兵却说："可是……"巴顿以为一个小小的炊事兵竟然不给他喝汤，于是怒了，一把推过士兵，同时大喊："没什么可是，勺子给我，快点，下士。"

不得已，士兵把勺子给了巴顿，巴顿取了一勺，喝了一口，巴顿愤怒地大喊："这都是些什么玩意儿，刷锅水，这东西怎么能给我们英勇的士兵喝呢。"

这时，士兵说话了："我正想告诉您这是刷锅水，没想到您已经品出来了！"

这就是历史上著名的巴顿尝汤事件。

很多时候，我们总是急于说、懒得听，然后就会使我们错过美好，造成误解。没有耐心等别人把话说完，比不会说话更危险。

给别人说话的时间和机会是一种素养，是交流中最基本的尊重。

香港作家梁文道曾经在《人人都会说话，却听不见别人的声音》一文中说道："就我的个人观察和体会，这个世界上大部分成功的清谈节目，靠的是参与者的'耳才'而非'口才'。"北大心理学博士生李松蔚认为，倾听意味着情感的分享，需要放弃自己的立场，进入别人的世界。

就像是同样采访周星驰，但是鲁豫和柴静取得的成果却是天壤之别。鲁豫在采访周星驰的时候，只注重自己的感觉。但凡她对周星驰稍做一点了解，她就会知道周星驰所有的喜剧电影背后表达的

　　　　　　　　破局：全面提升你的竞争力

都是悲剧。但是鲁豫和周星驰谈论他颜值问题的时候，却带玩味的微笑对周星驰说："同样的话只要你一说，就会很搞笑。"周星驰当场脸色完全冷下来了，反问道："假如我说我很英俊，你觉得好笑吗？"看着已经生气的周星驰，鲁豫还没有明白过来怎么回事，只能求助同台的徐娇。那场尴尬到天际的采访至今都时不时被大家翻出来嘲讽鲁豫的访谈能力。

反观柴静在采访周星驰的时候，真的是让人感觉很温暖。柴静目光专注，面容可亲。她整个人的仪态都显示出她是真的很真诚地在聆听你的表达。在节目中柴静问周星驰："片尾处，'我爱你一万年……'为什么要用以前的台词？"周星驰说："可能我对这几句话有情结。"柴静停顿了一下，认真又充满了善意地问："可不可以理解为，这时候就想说出人生中想说的几句话？"当时周星驰听完后，微微怔忡，小心翼翼问道："你有这种感觉吗？"柴静含笑点头："有。"那一刻，周星驰感动到几乎失态，一再说："谢谢啊，谢谢。"正是因为柴静在访谈中表现出的认真和尊重，所以才有了这样一段教科书式的访谈。后来，周星驰还主动给柴静打电话，表示自己愿意接受第二次采访。

没有耐心听人把话说完，可能是各种心理作祟。

北大心理学博士肖震宇认为，从发展心理学的角度，在青少年所必须经历的"自我中心阶段"，每个人都在观察自己内心的表演，认为自己的感受永远都是第一位的，所以自我中心化的讲话方式成了他们的一种自我防御与保护机制。

也就是说，没有耐心听别人把话说完正是我们不够成熟、自我不够开放的表现。尤其是在职场上，我们在跟对方交流的时候，耐心听别人讲，自己保持沉默也是一种能力。古德曼定理认为没有沉默就没有沟通。

在刚参加工作的时候，我有一次因为自己的失误犯了不算大的错误。被老板叫进办公室后，我就已经知道老板的目的了。在老板把我的错误说到一半的时候，为了表示自己良好的认错态度，我就打断老板，向老板表示已经认识到自己的错误了，以后肯定会多加注意。后面老板又继续说我犯错误的细节。我再次打断老板，很完整地总结了自己犯错误的点。老板对我点点头，然后说："我对你的认错态度很满意，但是我想提醒你一点。其实，不算什么大毛病，但是我觉得如果你能改正，肯定会更好。在别人跟你讲话的时候，你不需要用打断别人的方式来和别人互动，来证明你在认真听别人讲话。你甚至也不需要点头，也不需要做笔记，你就用目光专注地看着对方，就认真静静地听，这样对对方来说，他最能感受到你倾听的态度。有的时候，沉默远比话语更有力。"老板这段话，让我在后面的职场生活中受益良多。

那么具体到现实职场生活中，我们到底怎么做才算是一个合格的倾听者呢？

**一、留意"场"，调整自己的情绪可以控制沟通**

在同事越说越乱，表达不清楚的时候，我们难免会产生不耐烦的情绪，想要立刻打断同事。但是根据后现代心理学的"同在"理论，人本主义心理学强调"在场"，主体间心理学强调每个人都在影响场关系。所以我们绝对不能把我们的不耐烦表现出来，否则受到我们不耐烦情绪的影响，同事会表达得更不清楚。我们应该做的是用我们的肢体动作或者眼神来肯定对方，用我们的情绪来影响同事的情绪，这时候，同事就会放松，从而表达才会更流畅。

### 二、不干涉别人的选择

很多时候我们打断别人讲话是因为我们听到别人的选择跟我们是不一致的，我们认为自己的选择才是对的，所以不等对方说完，我们就想急切地对对方的选择做出评判，并发表自己的见解。心理学的相关实验证明，评判会让彼此紧张，会进入防御模式，使得继续沟通变得低效甚至有害。比如同事在展示自己的工作方法的时候，你觉得对方的方法是不正确的，自己的方法才是更好的。所以在同事展示的时候，你打断了对方的发言，补充了自己的想法。那么不管是和你关系多好的同事，都会对你心生怨恨，就算你补充的工作方法是正确的，对方也会觉得你十分讨厌。

### 三、关注关系，而不是内容

即使我们很明白父母是最爱我们的人，但是在某个时间，我们对父母的唠叨也会感觉十分疲惫和无力。总是想怒气冲冲地打断他们，让他们别再唠叨了。但是事实上，父母很多时候的唠叨都是为了跟我们搭话而已。在职场也是一样，有些同事或者领导在找我们谈话的时候，说了很多我们觉得无关紧要的东西，甚至是感觉十分枯燥无趣无用的内容，但是其实他们并不是针对我们，只是他们想要和我们拉近关系，只是他们在表达的时候，习惯站在指导者的角色和我们对话而已。

心理学家科胡特认为，心对于关系的需求，就如同身体对于空气的需求，关系一直是我们沟通的潜在基调，如果我们能识别关系语言，就可以减少在内容上的消耗。所以不管是父母的唠叨还是领导同事的喋喋不休，我们只需要在心里告诉自己我们在乎的只是跟眼前这个人的关系，而不是他们所表达的内容就行了。

# 与人争辩永远不会赢

李姐和孙姐都是公司的老员工了，她们俩来公司的时间几乎是一样的。据说，刚开始的时候，李姐和孙姐的关系还是非常融洽的，两个人合作完成的工作项目都十分出彩。

但后来因为合作完成一项工作的时候，两个人产生了非常大的分歧，在公司里面进行了激烈的争辩。她们俩的争辩内容从彼此的工作方法，直接上升到了对对方人格的诋毁。从此，两个人开始渐行渐远。

最后，在老板的主持下，采用了李姐的方案，那项工作才可以顺利完成。但是孙姐也不服输，在后面的日子里，她和李姐几乎是轮流赢，两个人较劲多年。

她们之间的相互斗争，很多时候都只是意气用事，相互给对方使绊子。最后，两个人的工作业绩也没有多大的提升，空缺的位置也让一个总公司空降的人顶上了。

在现实生活中，我们也会遇到很多喜欢与人抬杠争辩的人。一开始的时候，大家争辩的焦点还在问题本身，但在越辩越激烈的情况下，大家直接上升到对对方人格的诋毁。

好好的人际关系因为一个争论就彻底走到了尽头。那么人到底是为什么这么喜欢争辩和抬杠呢？

现在，我们从心理学和认知学的角度谈谈原因。

### 一、自我保护的需求

每个人都有自我形象的需求，喜欢与人争辩的原因之一是为了维护自我形象——我不比你差。在心理学上，有一个自我评价偏差的现象，也就是每个人都会美化和抬高自己。根据一项调查显示司机群体对驾车技术的自我评价，只有1%的司机的回答是低于平均值的。所以每个人的潜意识是很看重自己的形象的。经常与人争辩的本质就是一种相对的自我拉升，即通过战胜他人，让自己看上去提高了。

### 二、资源获取需求

经常与人争辩的人是为了获得利益。在动物界中也是如此，有的时候，同类之间的资源争夺并不是明显的暴力式，而是温和式的，比如孔雀在争夺配偶的时候会开屏。而人类的争辩想要获得的资源是他人的注意和更多的尊重。当然，也有为了宣示主权得到更多的控制感，就像狮子会用吼叫的方式吓走闯入者从而确保自己所在区域能够安全。

### 三、宣泄需求

语言暴力也是暴力的表现形式之一，而暴力的宣泄能够获得跟其他本能欲望一样的快感。奥地利生物学家洛伦兹在《论侵犯性》中写道："侵犯性具有自身的释放机制，与性欲、食欲等本能一样都能够引起特殊的快感。"人类也是动物，人类在进化过程中也保留着许多的原始兽性。所以，人是有暴力宣泄的需求的，在形式上分内侵（自我伤害）和外侵（伤害他人），如果过于压制自己的本能，也可能带来本能的反身性伤害——次性爆发的人更可怕。

### 四、认知域交集较小

我们对事物的认知不仅取决于客观情景，还取决于我们如何对自己进行主观构造。横看成岭侧成峰，每个人对事物的认知基础都是自己的经验和知识。因为我们和对方认知域的交集较小，所以我们就会和对方的观点产生分歧，随之就会产生争辩。

了解完人与人之间产生争辩的原因之后，这里也给大家提供一些避免和别人争辩的经验。

#### 1.增加共同视域

如果我们已经意识到和对方的交流已经上升到争辩层面时，我们就要考虑在说明自己的观点时，增加上自己的一切前提，让对方明白自己的背景和基础。同时，也尽可能问清楚对方的观点基础和前提。最适当的做法是我们在听到对方和我们观点的相左的时候，不要着急否定，而是应该多问一句"你为什么这么说呢？"这样会给对方和自己一个缓冲的时间，便于对方说明，也便于我们调整自己的情绪，减少自己的盲目否定。

比如在电影《芳华》中，受尽磨难的何小萍来到文工团之后，想拍一张军装照片寄给自己的父亲，由于种种原因，何小萍偷穿了室友的军装，虽然最后给室友还回去了，但是她的室友还是发现了，她们并没有问清楚其中的缘由，她们也不了解何小萍成长的背景，所以就断定了何小萍这个人品质有问题。这导致了何小萍完全绝望，整个人更加封闭。

所以在没有充分了解对方和对方的内容之前，我们不要盲目下定论。因为有可能我们和对方的观点只是不同，没有对错之分。因为不同的视角就会得出不同的结论。如果我们能够听完对方的解释，或者了解对方生活的背景，我们和对方之间就增加了共同的视域，因此争辩就不会轻易产生了。

## 2. 提高自尊水平，懂得自黑

低自尊的人更容易表现出攻击行为，也更容易对别人的语言产生错误认知。因为低自尊的人提高自尊的方式比较少，只能通过与别人争辩显示出自己的攻击性来强调自己自尊的存在。如果我们自己是这类人，那么就要学会提高自己，比较简单的办法就是学会自黑。事实上，自黑是一种接纳自我的表现，也是一种高情商的行为。就像雷军在访谈中的自黑，说自己作为武汉大学的杰出校友，自己的英语水平却给母校抹黑了。

### 3. 明确争辩的目的

大多数人在争辩的过程中，习惯性地与对方对立。但是争论更多的目的是走在一起解决问题，而不是走向对立。所以我们在争论的过程中，要不断地对自我进行暗示———起解决问题。在控制好自己情绪的前提下，如果对方语言超过了我们能承受的界限，那么就应该及时叫停对方，如果对方置之不理，那么我们绝对不应该与之纠缠，那样只能会使场面越来越糟糕和失去控制。我们要选择暂时离开应激源。毕竟愤怒更多是应激性的、暂时的，只要在初期能够管控好，就可以减少很多攻击性和破坏力。因此我们提前给自己一个明确的目标导向还是很重要的。

### 4. 控制音量

在与别人争辩的时候，我们向对方传递的信息不仅仅是信息的内容，还有我们向对方传递信息的动作和音量，其中，声音的音量是至关重要的。当一头狮子进入另一头狮子的领地的时候，狮子之间在打斗前会相互嘶吼，通过气势吓跑闯入者。同样的，人类也有这种行为机制，想要通过加大音量，让对方被我们的气势吓退。但是在多数情况下，这样是不会成功的。加大音量反而会让对方更加反感你的侵略性，从而产生排斥心理，为了维护自己的尊严和利益，对方会向你发起更大的反击。最后本来出发点良好的沟通交流，只能沦为双方进行语言攻击的争辩。所以就算我们在情绪非常激动的情况下，也要注意控制自己的音量。而且如果音量过大，对周围的人也会造成影响。

这个世界上，没有人是绝对错误的，也没有人是完全正确的。交流最终的目的都是为了获得信息，提升自己，解决问题，而不是为了证明谁对谁错。真理虽然不辩不明，但是在职场，没有那么多的真理需要我们用争辩去解决。单纯为了证明自己对的争辩，在开始的那一刻，就注定我们不会赢。因为就算结果赢了，人心也丢了。